Louanne Burkhardt

Der Zoologische Garten Basel 1944–1966
Ein Selbstverständnis im Wandel

199. Neujahrsblatt für das Jahr 2021
Herausgegeben von der Gesellschaft für das Gute
und Gemeinnützige Basel

Schwabe Verlag

Impressum

Bibliografische Information der Deutschen Nationalbibliothek
Die Deutsche Nationalbibliothek verzeichnet diese Publikation in der Deutschen Nationalbibliografie; detaillierte bibliografische Daten sind im Internet über http://dnb.dnb.de abrufbar.

Zweite Auflage Basel 2021
© 2021 Schwabe Verlag, Schwabe Verlagsgruppe AG, Basel, Schweiz
Dieses Werk ist urheberrechtlich geschützt. Das Werk einschliesslich seiner Teile darf ohne schriftliche Genehmigung des Verlages in keiner Form reproduziert oder elektronisch verarbeitet, vervielfältigt, zugänglich gemacht oder verbreitet werden.
Abbildung Umschlag: Staatsarchiv Basel-Stadt, BSL 1001 A 2.100 (Paul Steinemann)
Lektorat/Korrektorat: Doris Tranter
Umschlaggestaltung: Claudiabasel
Layout: Claudiabasel
Satz: Claudiabasel
Druck: Hubert & Co., Göttingen, Deutschland
Printed in Germany
ISBN 978-3-7965-4293-0

rights@schwabe.ch
www.schwabe.ch

Zum Geleit

Viele Baslerinnen und Basler sind zuverlässige Zoobesucher. Auch ich habe seit vielen Jahren ein Abonnement: Ich mag die Elefanten und die Orang-Utans – besonders aber die Giraffen. Zeitweise besuchte ich den Zoo fast wöchentlich, mittlerweile etwas seltener – aber immer noch sehr gerne. Wie viele Zoobesucherinnen und -besucher habe aber auch ich immer wieder gemischte Gefühle: Weshalb brauchen wir in Basel exotische Tiere und vor allem, wie geht es ihnen wohl dabei?

Ich habe mich deshalb sehr gefreut, als die Kommission für das GGG Neujahrsblatt die junge Historikerin Louanne Burkhardt als Autorin gewinnen konnte. In ihrer Arbeit untersucht sie anhand zahlreicher bislang nicht ausgewerteter Quellen den Wandel des Selbstverständnisses des Basler Zoos zwischen 1944 und 1966. Sie gibt uns damit einen facettenreichen Einblick in die damals neuen tierpsychologischen Ansätze und die Tiervermittlungsarbeit der Zoo-Verantwortlichen.

Ich danke Louanne Burkhardt im Namen der Kommission dafür, dass sie uns mit ihrem sehr klugen und schön geschriebenen Text und den zahlreichen wunderbaren Fotografien die menschengemachte ‹Welt der Zootiere› etwas näher bringt.

Franziska Schürch
(Präsidentin der Kommission zum GGG Neujahrsblatt)

Inhaltsverzeichnis

9		Einleitung
15		1874–1944: Ein Streifzug durch die Geschichte des Zoologischen Gartens Basel
17		Die Gründung des Zoologischen Gartens Basel
26		Die Faszination des Fremden
42		Ausbau und Krisen in der ersten Hälfte des 20. Jahrhunderts
59		Tiergartenbiologie und die ‹Zolli-Erneuerung› ab 1944
61		Neuorganisation im Sinne der Tiergartenbiologie
71		Zuchterfolge
81		*Blick auf die Gegenwart: Erhaltungszucht*
85		Zooarchitektur für Mensch und Tier
101		*Blick auf die Gegenwart: Architektur und Gartengestaltung*
105		Die Vermittlung des neuen Zookonzepts
107		Ausbau der Öffentlichkeitsarbeit
117		*Blick auf die Gegenwart: Vermittlung von Tierwissen*
123		Der beschwerliche Weg zum Fütterungsverbot
137		*Blick auf die Gegenwart: Tierernährung*
143		Dressierte Elefanten
159		*Blick auf die Gegenwart: Elefantenhaltung*
165		Fazit
171		Dank
173		Anhang
174		Anmerkungen
180		Quellen- und Literaturverzeichnis
185		Personenregister
187		Bildnachweis

Einleitung

Wer in Basel Tiere erleben will, besucht den ‹Zolli›. Der Zoologische Garten Basel präsentiert sich als eine «grüne Oase»[1], als ein Rückzugsort, an dem sich die Menschen vom hektischen Stadtleben erholen und Tiere beobachten können, die als Botschafter für ihre bedrohten Artgenossen auf der ganzen Welt stehen sollen. Mit einem Zoobesuch soll die Stadtbevölkerung für die Tier- und Pflanzenwelt begeistert und deren Beziehung zu den Tieren vertieft werden. Der Zoo Basel ist gleichzeitig Bildungsinstitution und beliebtes Ausflugsziel, das jedes Jahr rund eine Million Besucherinnen und Besucher anzieht. Auch nach bald 150 Jahren übt der ‹Zolli› eine scheinbar ungebrochene Faszination aus und besitzt für die Stadt Basel einen hohen Stellenwert.

Die vier Säulen, auf denen das Selbstverständnis des Zoo Basel beruht, haben eine lange Tradition: Erholung, Bildung, Naturschutz und Forschung waren die Schwerpunkte, die das Programm eines ‹modernen› Zoos gemäss der in den 1940er-Jahren entstandenen Disziplin der Tiergartenbiologie prägen sollten. Als Begründer der Tiergartenbiologie gilt der Basler Zoologe Heini Hediger, der von 1944 bis 1953 Direktor des Zoologischen Gartens Basel war und dort die nach Kriegsende lancierte Neuorganisation mitverantwortete und mitgestaltete. Während der Phase der «Zolli-Erneuerung»[2] wurde die Tierhaltung reformiert und der Zoo nach wissenschaftlichen Kriterien umgestaltet. Unter der Leitung des Verwaltungsratspräsidenten Rudolf Geigy und den Direktoren Heini Hediger und Ernst Lang, der das Reformprogramm ab 1953 weiterführte, durchlief der Zoologische Garten Basel in der Nachkriegszeit einen umfassenden Modernisierungsprozess. Die Zoo-Verantwortlichen versuchten, das Wohl der Zootiere vermehrt ins Zentrum zu rücken und den zoologischen Garten zu einem Ort für Mensch *und* Tier zu machen.

Welche Faktoren die Aufbruchsstimmung im Basler Zoo beeinflussten, wie dessen neues Selbstverständnis aussah und wie dieses dem Zoopublikum vermittelt wurde, ist Gegenstand dieses Neujahrsblatts. Im Vordergrund stehen dabei folgende Fragen: Welchen Einfluss hatte die Tiergartenbiologie auf die Haltungs- und Präsentationsweise der Tiere im Basler Zoo? Wie wurde mit der Gestaltung der Gehege und der Gartenanlage die Begegnung der Menschen mit den Tieren und der Natur inszeniert? Wie wurde die veränderte Sicht auf das Tier vermittelt und inwiefern war die Kommunikation des neuen Tierbilds von einem pädagogischen

Anspruch begleitet? Welche Möglichkeiten und Grenzen des neuen Konzepts zeigten sich im Umgang mit den Zoobesucherinnen und -besuchern?

Für den Zoologischen Garten Basel markierte das Jahr 1944 eine Art Zäsur: Mit der umfassenden Neuorganisation und Neugestaltung sollte sich der Zoo nach Ende des Zweiten Weltkriegs endgültig von aus dem 19. Jahrhundert stammenden Traditionen und Praktiken abgrenzen und zu einer kulturellen Institution entwickeln, die vielfältige, neue Aufgaben wahrnimmt. Der Fortschrittsglaube der Zoo-Verantwortlichen war eine Voraussetzung dafür, dass der angestrebte Generationenwechsel gelingen konnte. Der Aufbruch in der Nachkriegszeit war stark an ein Fortschrittsnarrativ geknüpft, das den Zoo bis heute prägt. Nur ein kritischer Blick in die Vergangenheit vermag dieses Narrativ zu reflektieren und Aufschluss darüber zu geben, welche Brüche sich in der Geschichte des Zoologischen Gartens Basel ausmachen lassen und ob nicht auch Kontinuitäten festzustellen sind; ob die Aufgaben, die sich der als private, nicht gewinnorientierte Aktiengesellschaft organisierte Zoo in der Nachkriegszeit stellte, tatsächlich neu waren oder im Laufe der Zeit nur anders bewertet und gewichtet wurden. Bereits die Metapher der «grünen Oase», mit der sich der Zoo Basel heute zu beschreiben pflegt, verweist auf eine erste Kontinuität im Selbstverständnis des Zoos: Schon der Gründungskommission hatte der Gedanke vorgeschwebt, den Baslerinnen und Baslern zu helfen, den verloren geglaubten Kontakt zur Natur wiederherzustellen und einen Ort zu schaffen, wo sich die Menschen vom lärmigen, schnelllebigen Stadtleben erholen konnten. Das gleiche Motiv tauchte beinahe hundert Jahre später in der zivilisationskritischen Theorie Hedigers wieder auf und half diesem, in einer Zeit, in der eine erste gesellschaftliche Kritik an der Institution Zoo laut wurde, die Existenz zoologischer Gärten zu legitimieren.

Eine weitere Kontinuität in der Geschichte des Zoologischen Gartens Basel sind die Spannungsfelder, zwischen denen sich der Zoo aufgrund seiner verschiedenen Zielsetzungen und gesellschaftlichen Aufträgen bewegt. Als öffentliche Institution, die auf konstante Besucherzahlen angewiesen ist, muss ein Zoo die Erwartungen des Publikums genauso hoch gewichten wie die Bedürfnisse der Zootiere. Dass die Ansprüche der Menschen aber oft nicht mit jenen der Tiere übereinstimmen, liegt auf der Hand. In der künstlichen Begegnung von Mensch und Tier im Zoo sind die Widersprüchlichkeiten, die das Selbstverständnis zoologischer Gärten prägen, deshalb bereits angelegt. In der Nachkriegszeit versuchten die Verantwortlichen des Basler Zoos die Erwartungen des Publikums mithilfe einer sorgfältigen Vermittlungsarbeit den Bedürfnissen der Tiere anzunähern. Obwohl man sich im Zoo ab 1944 darum bemühte, bestimmte wissenschaftliche Standards zu erreichen, sollte der Zoo nach wie vor auch einen Platz in der städtischen Freizeitkultur einnehmen. Anhand ausgewählter Beispiele aus der Zoopraxis wird deshalb gezeigt, wie sich die

Anforderungen an einen kommerziellen Erfolg und der Anspruch auf eine tiergerechtere Haltung in die Quere kommen konnten.

Die Wertekonflikte, mit denen sich der Zoologische Garten Basel in seiner Geschichte auseinandersetzen musste und die immer wieder Ursache verschiedener Innovationen waren, haben ihren Ursprung im «hybriden Charakter»[3] der Institution Zoo. Zoologische Gärten waren schon immer bestrebt, "unterschiedliche Mischungen von Zielsetzungen gleichzeitig zu erreichen".[4] Die verschiedenen Aufgaben, die zoologische Gärten zu erfüllen versuchen, führen nicht nur zu den beschriebenen Unvereinbarkeiten, sie machen deren Geschichte auch an zahlreiche Diskurse anknüpfbar. Eine historische Betrachtung des «Mikrokosmos»[5] Zoo erlaubt es, unterschiedliche geschichtswissenschaftliche Forschungsfelder miteinander in Verbindung zu bringen. Diese reichen von der Geschichte der Institutionalisierung der Naturwissenschaften bis zur Geschichte der Entstehung einer modernen Unterhaltungsindustrie. Da sich in zoologischen Gärten auch koloniale Verflechtungen identifizieren und untersuchen lassen, ist eine historische Betrachtung von Zoos – aufgrund der Rolle, die diese im Rahmen der Konstruktion und Inszenierung des Fremden, Wilden und Exotischen einnehmen – auch anschlussfähig für postkoloniale Forschungsdebatten. Eine geschichtswissenschaftliche Beschäftigung mit Zoos hilft, verschiedene gesellschaftliche Phänomene zu verstehen, und gibt Aufschluss über die menschliche Beziehung zu den Tieren und der Natur. Für die Geschichte der Mensch-Tier-Beziehung kann ein zoologischer Garten gar als exemplarischer Ort verstanden werden:[6] Ein Zoo widerspiegelt den gesellschaftlichen Blick auf die Tiere in all seinen Facetten und Ambivalenzen und vermag diesen Blick gleichzeitig zu prägen. Die Beziehung der Menschen zu den Tieren ist keine feststehende Grösse, sondern ein historisch gewachsenes, einem steten Wandel unterworfenes Verhältnis, das unter anderem in zoologischen Gärten ausgehandelt wird.[7]

Tiere werden erst seit wenigen Jahrzehnten als Bestandteil der menschlichen Geschichte untersucht, obwohl sie die Gesellschaft seit Jahrtausenden auf vielfältige Art und Weise prägen. Erst Ende der 1990er-Jahre bildete sich die Tiergeschichte als neuer Forschungsbereich der Geschichtswissenschaft heraus und bezog erstmals Tiere in historische Analysen mit ein.[8] Der Forschungsbereich der Tiergeschichte stellt allerdings selten die Tiere selbst, sondern vielmehr deren Interaktion mit den Menschen ins Zentrum seines Erkenntnisinteresses.[9] Tiergeschichte beschreibt in erster Linie die Geschichte des menschlichen Verhältnisses zu den Tieren.[10] Auch die Basler Zootiere rücken im Folgenden nicht als historische Akteure mit einer Handlungsmächtigkeit – in der Forschung als *Agency* bezeichnet – in den Fokus, sondern als «Wissensfiguren»[11], die einen neuen Blick auf die menschliche Geschichte erlauben. Das neue Interesse der Geschichtswissenschaft an Tieren gab auch der historischen Beschäftigung mit den ebenfalls lange vernachlässigten zoologischen

Gärten einen Aufschwung. Neben der Herausbildung des Forschungszweigs der Tiergeschichte wirkte sich in den 1990er-Jahren auch die kulturwissenschaftliche Wende in den Geisteswissenschaften begünstigend auf die Erkenntnis der mentalitätsgeschichtlichen Relevanz zoologischer Gärten aus. Populäre Alltags- und Freizeitkulturen rückten nun verstärkt in das Blickfeld historischer Forschung.[12] Erst zu Beginn des 21. Jahrhunderts begann sich eine Forschungstradition zu entwickeln, die eine fruchtbare Verbindung zwischen der Geschichte zoologischer Gärten, der allgemeinen Sozial- und Kulturgeschichtsschreibung sowie der Wissenschaftsgeschichtsschreibung herstellte.[13] Diese Umstände erklären, weshalb auch zu dem für die Basler Stadtgeschichte so bedeutenden Zoologischen Garten Basel bisher kaum geschichtswissenschaftliche Forschungsliteratur vorliegt. Eine Ausnahme stellt die Publikation Balthasar Staehelins aus dem Jahr 1993 dar, die in Form einer empirischen Pionierarbeit die Geschichte der Völkerschauen im Basler Zoo zwischen 1879 und 1935 aufarbeitet.[14]

Neben den theoretischen Publikationen Heini Hedigers zur Tiergartenbiologie stützt sich die in diesem Neujahrsblatt präsentierte Untersuchung in erster Linie auf den umfangreichen Archivbestand des Zoologischen Gartens Basel.[15] Das seit 1999 im Basler Staatsarchiv befindliche Privatarchiv umfasst eine beinahe lückenlose Überlieferung der Zoogeschichte seit 1874. Das untersuchte, heterogene Quellenkorpus setzt sich zusammen aus Jahresberichten, internen Verwaltungsberichten, Briefen und Sitzungsprotokollen sowie aus diversen Beständen der Öffentlichkeitsarbeit, wie zum Beispiel Unterlagen zu Presseorientierungen und -mitteilungen, Führungen und Vorträgen sowie Publikumskorrespondenz. Ebenfalls untersucht wurden Zeitungs- und Zeitschriftenartikel sowie vom Zoo herausgegebene Publikationen. Die meisten dieser Quellen wurden dabei zum ersten Mal historisch ausgewertet. Meine Untersuchung ist nur *eine* Geschichte, die anhand der vielfältigen, historischen Quellen zum Zoologischen Garten Basel erzählt werden kann. Aus dem reichhaltigen Archivmaterial liesse sich eine Vielzahl weiterer spannender Geschichten erzählen. Aufgrund der Quellenlage ist meine Analyse dem vom Zoo selbst vorgegebenen Narrativ unterworfen. Mit den Fragen, die an das Selbstverständnis des Zoos gestellt werden, geht das Neujahrsblatt allerdings über eine strikte Institutionengeschichte hinaus und leistet einen Beitrag zur historischen Auseinandersetzung mit Zoos als multifunktionale Institutionen im Spannungsfeld zwischen Wissenschaft, Bildung und Freizeitkultur.

Um die Veränderungen, die der Zoologische Garten Basel in der Nachkriegszeit durchlief, einordnen zu können, werfe ich im ersten Kapitel zunächst einen Blick zurück auf die Zeit vor der ‹Zolli-Erneuerung›. Das Kapitel unternimmt einen Streifzug durch die Geschichte des Zoologischen Gartens Basel von seiner Eröffnung im Jahr 1874 bis zu den Krisenjahren vor und während des Zweiten Weltkriegs. Dabei werden erstmals gebündelt wichtige Etappen und Themen von achtzig Jahren Zoo-Geschichte benannt – von der Gründungsgeschichte über die finanziellen Schwierigkeiten in den Anfangsjahren bis zur Faszination des Fremden, die sich in der Sammlung exotischer Tiere, im Baustil und in den Völkerschauen widerspiegelte. Es wird nicht nur gezeigt, wie politische Ereignisse (wie die beiden Weltkriege oder die Weltwirtschaftskrise) die Geschichte des Zoologischen Gartens Basel prägten, sondern auch, welche Fragestellungen und Handlungsprinzipien betreffend Tierhaltung und -präsentation die Verantwortlichen des Zoos in der ersten Hälfte des 20. Jahrhunderts bewegten.

Das zweite Kapitel setzt mit der Einstellung Hedigers als Zoodirektor im Jahr 1944 ein. Es erläutert wichtige Konzepte der neu entstandenen Disziplin der Tiergartenbiologie und untersucht, wie diese zusammen mit den personellen Verbindungen von Verwaltungsrat und Direktion die Neukonzeption des Basler Zoos nach Ende des Zweiten Weltkriegs prägte. Dabei wird unter anderem auch auf die Schlüsselrolle hingewiesen, die der Praxis der Zucht für das neue Selbstverständnis des Zoos zukam, und erarbeitet, wie die Tiergartenbiologie die Gehege- und Gartengestaltung im Zoo beeinflusste.

Im dritten Kapitel untersuche ich schliesslich, wie der Basler Zoo seinen Besucherinnen und Besuchern mithilfe einer ausgebauten Öffentlichkeitsarbeit und unter Berücksichtigung der Publikumserwartungen sein neues Selbstverständnis zu vermitteln versuchte. Anhand von zwei Fallstudien werden die Interessenkonflikte herausgearbeitet, die aufgrund der Neuorganisation entstanden. Einerseits wird mit dem Beispiel der Einführung des Fütterungsverbots im Jahr 1960 illustriert, wie beschwerlich der Weg bis zu einer erfolgreichen Umsetzung tiergartenbiologischer Ideen sein konnte und wie sorgfältig diese dem Zoopublikum erklärt werden mussten. Andererseits verweist die Untersuchung der Praxis der Elefantendressur ab den 1950er-Jahren auf das Spannungsfeld zwischen wissenschaftlicher Tierhaltung und Vergnügungskultur, in dem sich der Zoologische Garten Basel befand. Das Beispiel zeigt, wie der Zoo beim Versuch, seinem Publikum das neue Selbstverständnis zu vermitteln, Gefahr lief, dieses durch eine Kommerzialisierung selbst in Frage zu stellen. Der Untersuchungszeitraum endet Mitte der 1960er-Jahre, als sich das neue Selbstverständnis des nach wie vor von Ernst Lang geleiteten Basler Zoos allmählich gefestigt zu haben schien und neue Phänomene in Erscheinung traten: Neben der zunehmenden Institutionalisierung des Arten- und Naturschutzgedankens waren dies unter anderem eine interinstitutionelle und internationale Zusammenarbeit zoologischer Gärten dank koordinierter Zuchtprogramme. Als Endpunkt der Untersuchung wurde das Jahr 1966 festgelegt, in dem das neue Verwaltungsgebäude fertig gestellt und der am Birsig gelegene, neue Haupteingang eröffnet wurde. Diese Ereignisse markieren einen vorläufigen Abschluss der nach Ende des Zweiten Weltkriegs lancierten baulichen Umgestaltung des Zoos.

Das Neujahrsblatt geht darüber hinaus auch der Frage nach, wie das Selbstverständnis des Zoologischen Gartens Basel heute aussieht. Mich interessiert, in welchem Verhältnis Mensch und Zootier im 21. Jahrhundert zueinander stehen und wie den Zoobesucherinnen und -besuchern die Sicht auf die Tiere vermittelt wird. Die an verschiedenen Stellen eingestreuten Blicke auf die gegenwärtige Situation basieren auf Gesprächen, die ich mit Fachpersonen aus dem Basler Zoo geführt habe. Sie bieten ein Fenster für jene Leserinnen und Leser, die sich dafür interessieren, wie die in der historischen Untersuchung behandelten Fragestellungen von Seiten des Zoos heute beantwortet werden. Die auf Interviews basierenden Texte widerspiegeln zwar einseitig die Sicht des Zoos, vermögen aber dennoch aufzuzeigen, inwiefern der Zoo Basel auch im 21. Jahrhundert ein Austragungsort verschiedener gesellschaftlicher Kontroversen ist, wo die Beziehung des Menschen zum Tier ausgehandelt wird.

1874–1944: Ein Streifzug durch die Geschichte des Zoologischen Gartens Basel

Die Gründung des Zoologischen Gartens Basel

Das Ausstellen wilder Tiere besitzt eine lange Tradition, die bis weit in die Vormoderne zurückreicht. Bereits im Alten Ägypten oder an den Höfen der chinesischen Kaiserinnen und Kaiser waren exotische Tiere gehalten worden. Direkte Vorläufer der im 19. Jahrhundert in Europa gegründeten zoologischen Gärten waren die Menagerien der Fürstinnen, Kaiser und Könige des 17. und 18. Jahrhunderts. Diese Menagerien hatten weder einen wissenschaftlichen noch einen pädagogischen Anspruch, sondern waren in erster Linie Vergnügungsorte für die höfische Elite. Die Haltung von wilden Tieren in der Barockzeit diente neben der Unterhaltung auch der Machtdemonstration. Die Tiere galten als Prestigeobjekte und Symbole für einen privilegierten, luxuriösen Lebenswandel.[16] Mit der Aufklärung wurde insbesondere in Frankreich Kritik an den fürstlichen Menagerien laut – man forderte den Zugang für alle Gesellschaftsschichten. Nach der Zerstörung der Versailler Menagerie während der Französischen Revolution wurden die verbliebenen Tiere in das Pariser Stadtzentrum umgesiedelt. Eine Gruppe von Pariser Bürgerinnen und Naturwissenschaftlern schuf im Jardin des Plantes eine neue, im Dienst der Nation stehende und öffentlich zugängliche Institution.[17] Bereits vor der Entstehung des Pariser zoologischen Gartens im Jardin des Plantes war 1765 auch in Wien-Schönbrunn die kaiserliche Menagerie für das breite Publikum geöffnet worden.

Bürgerliche zoologische Gärten in Europa

Der erste von einer gemeinnützigen, bürgerlichen Gesellschaft geplante, gegründete und betriebene zoologische Garten war jener in London. Nach Vorbild des Londoner zoologischen Gartens, der 1828 seine Tore öffnete, entstand im 19. Jahrhundert europaweit eine Vielzahl weiterer zoologischer Gärten. In der Forschungsliteratur etablierte sich für diese Institutionen der Begriff ‹bürgerliche zoologische Gärten›. ‹Bürgerlich› ist dabei in erster Linie in Abgrenzung zu den ‹fürstlichen› Menagerien zu verstehen. Die Bezeichnung ‹zoologischer Garten› sollte der Verzierung der ehemaligen Menagerien mit Pflanzen Rechenschaft tragen.

Die Entstehung der zoologischen Gärten in Europa ist eng mit der Geschichte des urbanen Bürgertums verknüpft. In einer Zeit, in der Städte rasant wuchsen, entstand im gesellschaftlichen Milieu des wachsenden

Bürgertums ein Bedürfnis nach Erholung von Lärm, Schmutz und Verkehr des urbanen Lebens und nach Rückzugsmomenten in der Natur. Gleichzeitig hatten Freizeitbeschäftigungen, wie der Zoobesuch eine war, zunehmend pädagogischen Anforderungen zu genügen.[18] Mit dem gewachsenen Bildungsanspruch der Gesellschaft wurde den entstehenden zoologischen Gärten eine belehrende Funktion zugeschrieben. Indem sie naturwissenschaftliches Wissen vermittelten, sollten die zoologischen Gärten eine «naturgeschichtliche Volkserziehung»[19] begünstigen. Neben Zoos entstanden im 19. Jahrhundert in den europäischen Städten weitere bildungsbürgerliche Einrichtungen wie beispielsweise Kunst- und Naturkundemuseen oder literarische Akademien.

Die Entwicklung der städtischen Kultur veränderte im 19. Jahrhundert die Beziehung der Menschen zu den Tieren.[20] Hatten die Menschen bislang noch oft in relativer Nähe mit Tieren zusammen gelebt und gearbeitet, verursachten die Urbanisierung und Industrialisierung eine zunehmende Entfremdung von Mensch und Tier.[21] Diese Entfremdung bewirkte, dass das Verhältnis zwischen Menschen und Tieren einen mehr und mehr hegemonialen Charakter bekam. Gleichzeitig förderte die Verstädterung der modernen Gesellschaft aber auch das Bedürfnis, den verloren geglaubten Kontakt mit dem vermeintlich Ursprünglichen wiederherzustellen und dessen Erhaltung zu fördern. Gerade die Industrialisierung liess den Wunsch nach grösserer Achtung und Bewahrung von Natur und Tierwelt entstehen.[22] In Bildungskreisen schärfte die wissenschaftliche Erforschung der Natur das Bewusstsein für die Zerstörung von Flora und Fauna.[23] Der gegen Ende des 19. Jahrhunderts in Europa aufkommende Naturschutzgedanke gedieh im selben gesellschaftlichen Milieu, das an der Gründung von zoologischen Gärten beteiligt war.[24] Mit der Schaffung von zoologischen Gärten wurde eine scheinbar strikte Trennung zwischen dem Raum der Zivilisation und jenem der Wildnis konstruiert. Die zoologischen Gärten stellten aber nicht die unberührte Natur, sondern einen von Menschenhand geschaffenen, künstlichen Raum dar, in welchem die Begegnung von Mensch und Tier inszeniert wurde, und verwiesen damit selbst auf die Brüchigkeit der Trennlinie zwischen Kultur und Natur.[25]

Ein zoologischer Garten für Basel

Die Geschichte der Entstehung des Zoologischen Gartens Basel wartet noch immer auf ihre wissenschaftliche Aufarbeitung. Bis heute liegt noch keine umfassende, historische Darstellung dieser für die Basler Stadtgeschichte so bedeutenden Institution vor. Die anlässlich verschiedener Jubiläen entstandenen Schriften ehemaliger Verwaltungsräte und Direktoren ermöglichen es, die Gründung des ältesten zoologischen Gartens der Schweiz und seine reichhaltige Geschichte schlaglichtartig zu beleuchten. Neben den Dokumentationen von Fritz Sarasin (1924)[26], Rudolf Geigy (1949 und 1953)[27] und Ernst Lang (1974)[28] geben auch die vollständig überlieferten Jahresberichte Auskunft über die Geschichte des Basler Zoos, über dessen Selbstverständnis und die Entwicklung der von ihm beeinflussten Beziehung des Menschen zu den Tieren.

Es war die in der zweiten Hälfte des 19. Jahrhunderts aufkommende, im Bildungsbürgertum verankerte Sehnsucht nach der Natur, die in Basel 1870 zur Gründung einer ornithologischen Gesellschaft führte. Deren Vision, das Interesse der Basler Stadtbevölkerung an der heimischen Tierwelt zu wecken und zu fördern, konkretisierte sich im Plan, einen zoologischen Garten zu eröffnen. Bereits in den ersten Statuten der Gesellschaft aus dem Jahr 1872 wird die mögliche Gründung eines zoologischen Gartens erwähnt. Damit war der Grundstein für die inzwischen bald 150-jährige Geschichte des Basler Zoos gelegt. Beinahe zur selben Zeit, als sich in Basel erste Pläne für einen zoologischen Garten zu konkretisieren begannen, entstand auf dem Gebiet des heutigen Wohnquartiers Erlenmatt der Tierpark Lange Erlen.[29] Der ursprüngliche Standort des Tierparks musste um die Jahrhundertwende dem Neubau der Bahnstrecke zum Badischen Bahnhof weichen. Die genauen Verbindungen zwischen der Entstehung dieses Naherholungsgebiets für die Städterinnen und Städter und der Gründung des zoologischen Gartens sind bis jetzt nicht erforscht. Bekannt ist, dass das Gebiet, auf dem der Kleinbasler Tierpark entstand, auch für kurze Zeit zur Diskussion stand, als es darum ging, eine geeignete Lage für den von der Ornithologischen Gesellschaft geplanten zoologischen Garten zu finden.[30] Ebenfalls in Frage kam die Klybeck-Insel. Die von der Ornithologischen Gesellschaft mit der Konzipierung des zoologischen Gartens beauftragte Kommission entschied sich unter Beizug des Direktors des Zoologischen Gartens Frankfurt, Max Schmidt, schliesslich für das damals 4,3 Hektaren grosse Areal zwischen Birsig und Rümelinbach. Es war zentraler gelegen als die anderen Standorte und schien mit seiner abfallenden Lage attraktiv für die Gestaltung eines zoologischen Gartens. Nachdem mit den Eigentümern des Areals, dem Spitalpflegeamt und der Einwohnergemeinde der Stadt, Pachtverträge ausgehandelt worden waren, begann der Architekt Gustav Kelterborn in Anlehnung an Vorbilder anderer zoologischer Gärten, insbesondere desjenigen in Hannover, mit dem Entwurf des Bebauungsplans.[31] Für die landschaftsgärtnerische Gestaltung war der Stadtgärtner Michael Weckerle zuständig, der den für den Basler Zoo heute noch typischen Gartencharakter mit Weihern und Bachläufen anlegte.

Der Gründungskommission war von Beginn an klar, dass sie den zoologischen Garten nicht von öffentlichen Geldern abhängig machen, sondern privat finanzieren wollte. Angewiesen auf die Hilfe der Basler Bevölkerung, startete die Kommission im Januar 1873 einen «Aufruf zur Beteiligung an der Gründung eines zoologischen Gartens in Basel».[32] Der Aufruf macht deutlich, welche Beweggründe zur Entstehung des zoologischen Gartens geführt hatten: Im Zentrum der Argumentation stand das «übermächtig[e] Anwachsen der Städte und des bald den grösseren Theil der Bevölkerung absorbierenden Stadtlebens»,[33] das die moralische Entwicklung der Bevölkerung negativ zu beeinflussen drohte. Ein zoologischer Garten sollte ein «freie[s] Aufatmen in Gottes schöner Natur» und das Beobachten der Tierwelt, welche «selbst dem gebildeten Theil der Städter bald nur noch aus Büchern und Erzählungen meist sehr mangelhaft bekannt» war, ermöglichen.[34] Den Baslerinnen und Baslern wurde der zoologische Garten als «unerschöpfliche Quelle der Unterhaltung, Erfrischung und Belehrung» angepriesen,[35] der allen Gesellschaftsschichten offen stehen sollte. Man wollte der Stadtbevölkerung die Möglichkeit geben, in Stadtnähe an der frischen Luft Tiere als Repräsentanten der Natur beobachten und so eine Auszeit vom strengen Arbeitsalltag in der Stadt nehmen zu können. Mit dem zoologischen Garten wurde ein Ort geschaffen, wo die Basler Bevölkerung der Natur und dem Tier begegnen konnte und der ihr zur Erholung und Belehrung dienen sollte. Die Ornithologische Gesellschaft wollte im Zoo in erster Linie heimische Tierarten, sprich vor allem schweizerische oder europäische Alpentiere, ausstellen. In «naturgetreuen Gruppen» sollten den Besucherinnen und Besuchern «die Pracht und Schönheit» der Alpentierwelt präsentiert werden.[36] Natürlich war es auch im Sinne der Ornithologischen Gesellschaft, dass der zoologische Garten von vielen Vögeln bewohnt wurde und «Liebhabern» auch «eine beständige Bezugsquelle» von gezüchteten Vögeln sein konnte.[37] Die Haltung von exotischen Tieren war bei der Gründung des Zoos noch nicht vorgesehen.

Der Aufruf der Gründungskommission wurde vom Basler Publikum begeistert aufgenommen, so dass innert kürzester Zeit bereits 218 000 Franken in unverzinslichen Aktien gezeichnet waren.[38] Der Wert einer Aktie betrug 250 Franken. Der Zoologische Garten Basel wurde als gemeinnützige Aktiengesellschaft gegründet, also als Unternehmen mit privatem Charakter, dem es nicht um eine Profitmaximierung ging. Öffentliche Mittel, so war man sich bei der Gründung einig, sollten nur in Ausnahmefällen beansprucht werden. Allerdings gab es bereits damals Kostenbefreiungen seitens des Staates beispielsweise für das Wasser: Der zoologische Garten und das kantonale Wasseramt unterzeichneten im Oktober 1874 einen Vertrag über die «Entnahme von Wasser aus dem Rümelinbache für die Zwecke des zoolog. Gartens».[39]

Die Eröffnung im Jahr 1874

Der Zoologische Garten Basel öffnete am 3. Juli 1874 seine Tore für das Publikum. Er war täglich von 7 Uhr morgens bis 21 Uhr abends geöffnet, ein Eintritt für Erwachsene kostete 50 Centimes, für Kinder unter zehn Jahren 25 Centimes. Ehrenmitglieder sowie Aktionärinnen und Aktionäre besuchten den zoologischen Garten gratis. Für ein Jahresabonnement bezahlte eine Einzelperson 15 Franken, eine Familie 30 Franken. Das Personal des Zoos bestand aus einem Direktor, vier Wärtern, einem Gärtner und einem Gehilfen. Die Mitglieder der Gründungskommission formierten den ersten Verwaltungsrat des Zoos, der vom Arzt und Professor Johann Jakob Bischoff-Burckhardt präsidiert wurde.

Der zoologische Garten profitierte bei seiner Eröffnung von dem Umstand, dass kurz zuvor in Bern das Projekt eines Zoos gescheitert war und deshalb viele Tiere zu einem günstigen Preis erworben werden konnten. Zu seiner Eröffnung erhielt der Basler Zoo ausserdem zahlreiche Tiere geschenkt, unter anderem zwei Bären vom Gemeinderat der Stadt Bern oder verschiedene Hirsche von König Karl von Württemberg.[40] Ende 1874 zählte der Tierbestand des seit einem halben Jahr geöffneten zoologischen Gartens insgesamt 94 Säugetiere in 35 Arten und 416 Vögel in 83 Arten.[41] Gemäss dem bereits im Aufruf der Gründungskommission formulierten Ziel, in erster Linie schweizerische Alpentiere zu zeigen, fanden sich zur Eröffnung folgende Tiergehege im Zoo: ein Murmeltierfelsen, ein Fischotter-Bassin, eine Felsgruppe für Gämsen und Steinböcke, Anlagen für Hirsche, Büffel und Rehe, ein Miniaturblockhaus für Wildschweine, ein Bärenzwinger, ein Raubtierhaus für Wölfe, Luchse, Wildkatzen, Füchse, Dachse und Marder sowie eine Eulenburg. Ausserdem wurden zwei grosse Weiher und eine Sumpfanlage für verschiedene Wasser- und Stelzvögel angelegt. Neben einer Raubvogel- und einer Fasanenvoliere gab es im Basler Zoo auch Hühner- und Taubenhäuser.[42] Die romantischen Burgruinen mit ihren gotischen Spitzbögen oder die rustikalen, im Blockbau- oder Fachwerk-Stil gebauten Ställe waren so konzipiert, dass sie das städtische Publikum in eine andere Welt eintauchen liessen. Typisch für die sogenannten «Schweizerhäuser»[43], in denen die alpinen Huftiere lebten, waren ein weiter Dachüberstand und dekorative Sägearbeiten. Die malerischen Tierhäuser hatten den Charakter winkliger Jagdschlösser (Abb. 3 und 4, S. 25). Die Aussenanlagen waren, wie für das 19. Jahrhundert typisch, sternförmig angelegt, was eine enzyklopädische Präsentation der Tiere ermöglichte: Um dem Publikum die Vielfalt und die Systematik der Tierwelt präsentieren zu können, wurden die verschiedenen Tierarten nebeneinander in kleinen Käfigen gehalten, die nur wenig Auslauf oder Rückzugsmöglichkeiten boten. Die Käfige reproduzierten implizit das Schema naturgeschichtlicher Kabinette, und die Zootiere wurden ähnlich wie die Bestandteile einer Sammlung präsentiert.[44]

[1] Panorama des Zoologischen Gartens Basel mit der Stadt Basel im Hintergrund, 1874. [← S. 22/23]
[2] Einheimische Huftiere und Alpenlandschaft. Die Ornithologische Gesellschaft, welche die Gründung des Zoologischen Gartens Basel initiiert hatte, wollte im Basler Zoo in erster Linie europäische Alpentiere ausstellen und der Stadtbevölkerung so den verloren geglaubten Bezug zur Natur wiedergeben. Postkarte, 1890er-Jahre.
[3] Hühnerhaus aus der Gründungszeit. Postkarte, ca. 1900.
[4] Das Hirschhaus mit der sternförmig angelegten Aussenanlage aus der Gründungszeit. Postkarte, ca. 1900.

Basel. Zoologischer Garten. Hühnerhaus.

8083 EDITION PHOTOGLOB CO. ZÜRICH — Basel - Zoologischer Garten - Hirschpark

Die Faszination des Fremden

Im Eröffnungsjahr verzeichnete der Zoologische Garten Basel bereits 62 262 Besucherinnen und Besucher – eine beachtliche Zahl, wenn man bedenkt, dass in Basel damals rund 50 000 Personen lebten.[45] Doch trotz der hohen Besucherzahl musste der Verwaltungsrat bereits nach Ablauf des ersten Jahres einen «niederschlagenden Finanzbericht»[46] abliefern. Da die Kosten deutlich höher ausgefallen waren als erwartet, verzeichnete der zoologische Garten trotz verschiedener Zuwendungen von Seiten der Zünfte bereits Ende 1874 eine Schuld von rund 70 000 Franken.[47] Der ursprünglich budgetierte Aufwand für den Bau der Gehege und für die Gestaltung der Gartenanlage war beträchtlich überschritten worden. Zudem gelang es nicht, wie ursprünglich geplant, die laufenden Betriebskosten mit den Eintrittsgeldern zu decken. Nicht einmal ein Jahr nach der Eröffnung musste sich der Verwaltungsrat deshalb entgegen seinem Vorsatz, den Zoo ausschliesslich mit privaten Mitteln zu finanzieren, bereits mit einer Bitte um Unterstützung an die Basler Regierung wenden. Diese entsprach der Bitte und liess dem zoologischen Garten schenkungsweise die Summe von 15 000 Franken zukommen.[48]

Drohende Liquidation

Eine Massnahme, die dazu diente, im Jahr 1875 noch mehr Besucherinnen und Besucher in den zoologischen Garten zu locken, stellte der Ausbau der Konzerttätigkeit im Musikpavillon vor dem Restaurant dar. Die im Zoo gebotene musikalische Unterhaltung hatte sich bereits im ersten Jahr grosser Beliebtheit erfreut und sollte deshalb neuerdings statt nur sonntags auch an Werktagen genossen werden können. «Die Veranstaltung der Concerte im Garten ist eine unerlässliche Notwendigkeit»,[49] hiess es Ende 1875, als sich die finanzielle Lage des Zoos nochmals weiter verschlechtert hatte. Aufgrund der anhaltenden finanziellen Bedrängnis erwog der Verwaltungsrat, die erst vor drei Jahren gegründete Aktiengesellschaft 1876 bereits wieder zu liquidieren – ein Schicksal, das im 19. Jahrhundert in Europa vielen als Aktiengesellschaft organisierten zoologischen Gärten widerfuhr.[50] Es schien, als wäre das Unternehmen eines zoologischen Gartens für Basel schlicht zu gross.

Nachdem der Verwaltungsrat eine Geldsammlung und eine Tombola organisiert hatte, entschied er sich aber schliesslich dazu, den Betrieb des zoologischen Gartens trotz Existenzsorgen vorerst weiterzuführen. Es wurden ein neuer Direktor und ein neuer Verwaltungsratspräsident gewählt: Gottfried Hagmann, ehemaliger Bezirksförster aus Uznach, sollte von nun an während 37 Jahren den zoologischen Garten leiten, der Zoologe Fritz Müller sicherte als Kopf des Verwaltungsrats die gute Verbindung des Zoos zum Naturhistorischen Museum der Stadt. Trotz dieser Massnahmen waren Betriebsdefizite beim Basler Zoo in den folgenden Jahren weiterhin der Normalzustand.

Ein Grund für die finanziellen Schwierigkeiten der Anfangsjahre war die hohe Sterblichkeit der Zootiere. In den ersten Geschäftsberichten klagte der Verwaltungsrat wiederholt über die zahlreichen Tierverluste in Folge von Lungen- und Darmerkrankungen oder Parasitenbefall. Aufschluss über die Todesursachen der verstorbenen Zootiere gaben die vom berühmten Basler Anatomen und Zoologen Ludwig Rütimeyer durchgeführten Sektionen am Anatomischen Institut der Universität Basel. Gerade mit den «einheimischen Thieren und vorzüglich den Repräsentanten unserer Alpenfauna» habe man «bis jetzt nicht reussiert»,[51] hiess es im Geschäftsbericht von 1876. Da es an Wissen über die gehaltenen Tiere und deren spezifische Bedürfnisse fehlte, musste der zoologische Garten die Haltung zahlreicher Tiere bereits im ersten Jahr wieder aufgeben. Eine Ursache dafür, weshalb viele Tiere bereits kurz nach ihrer Ankunft im Zoo verstarben, erkannte man in der ungenügenden Bauweise der Stallungen. Es stellte sich bald heraus, dass die aus Holz gebauten Tierhäuser zwar von aussen hübsch anzusehen waren, den Anforderungen der Zootierhaltung aber nicht gerecht wurden. Um die hygienischen Verhältnisse zu verbessern, wurden nach und nach die Holz- durch Zementböden ersetzt und weitere Verbesserungen an den Tierhäusern «betreffend Dichtigkeit gegen Wind, Regen und Bodenfeuchtigkeit» unternommen.[52] Die Angestellten bauten Winterställe und montierten Heizungen. Der ständige Geld- und Personalmangel im Basler Zoo verhinderte allerdings eine rasche Verbesserung der Lage.

Globale Vernetzung des Basler Bürgertums

Um die Verluste ersetzen zu können, war der zoologische Garten angewiesen auf Schenkungen von Privatpersonen. Dass die Bevölkerung dem Zoo regelmässig einheimische Tiere schenkte, bezeugen die Auflistungen in den Geschäftsberichten der ersten Jahre. Gerade bei der Beschaffung von neuen Vögeln erwies sich auch der enge Kontakt zur Ornithologischen Gesellschaft Basel als nützlich. In einem Aufruf aus dem Jahr 1875 wurde das Zoopublikum ausdrücklich gebeten, den Basler Zoo weiterhin mit

Tieren zu beschenken. Da die Verantwortlichen des Zoos bald erkannten, dass es nicht primär die einheimischen Alpentiere waren, die das Basler Publikum begeisterten, sondern jene Tierarten, die es in Europa damals nur sehr selten zu sehen gab, richtete der Verwaltungsrat den Aufruf explizit auch an Auslandsreisende: «[E]s mögen unsere schweizerischen Landsleute und namentlich aber unsere baslerischen Mitbürger in fremden Ländern unseres zoologischen Gartens gedenken und denselben durch Zuwendung von Thieren bereichern.»[53] Mit der «Vorführung von neuen und interessanten Tieren» sollte «eine neue Anregung zum Besuch» des Zoos geschaffen werden.[54] Tatsächlich kamen durch die Vernetzung des Verwaltungsrats mit dem Basler Bürgertum, das wiederum weltweit gute Handelsbeziehungen pflegte, bald zahlreiche exotische Tiere als Kolonialwaren nach Basel.[55] Bereits im Inventar des Tierbestands von 1876 waren neben Affen auch Kängurus und ein Schakal erwähnt.[56] 1881 erhielt der Zoo ein ägyptisches Gazellenpaar, 1884 einen Tapir und im Jahr darauf einen Afrikanischen Leoparden und einen Panther aus Indien. 1890 waren im Basler Zoo schliesslich die ersten Löwen zu bestaunen (Abb. 5, S. 36) und 1900 traf der erste Menschenaffe, das Orang-Utan-Weibchen Miss Kitty, in Basel ein. Das für den Basler Zoo mit Abstand bedeutendste Geschenk war allerdings der junge Asiatische Elefant, den die Vettern Paul und Fritz Sarasin 1886 von ihrer Forschungsreise aus Ceylon (dem heutigen Sri Lanka) mitbrachten: Die Elefantenkuh Miss Kumbuk sollte sich in den kommenden Jahren zur grössten Publikumsattraktion im Zoologischen Garten Basel entwickeln (Abb. 6, S. 36).

Die langen Auflistungen über geschenkte Tiere in den Geschäftsberichten zeigen, dass der zoologische Garten neben dem naturhistorischen und völkerkundlichen Museum an der Augustinergasse zu einem weiteren wichtigen «Aufbewahrungs- und Inszenierungsort für tropische Lebewesen» der Stadt Basel wurde.[57] Der Zoo war in den 1870er-Jahren aus dem bürgerlichen Gedanken entstanden, in der Stadt einen Naturraum zur Erholung zu schaffen. Durch die globale Vernetzung des Basler Bürgertums entwickelte er sich – wie die meisten anderen europäischen zoologischen Gärten jener Zeit – bald zu einem «Schaufenster des Kolonialismus».[58] Obschon die Schweiz selbst keine Kolonien besass, betrieben ihre Bürgerinnen und Bürger dennoch Handel mit den Kolonialherrschaften in allen Regionen der Welt. Die bürgerliche Elite, deren Vertreter sich schon seit dem 17. Jahrhundert als Händler, Missionare oder Forscher in dem durch Handelskompanien geschaffenen, expandierenden imperialen Raum bewegten, pflegte hervorragende Handelsbeziehungen zu den europäischen Kolonialmächten.[59] Die beiden Naturforscher Paul und Fritz Sarasin, die den Naturwissenschaftsstandort Basel und die Geschichte des Zoologischen Gartens Basel entscheidend mitprägten, gehörten jenen Familien an, die sich «in den Dienst europäischer Kolonialmächte» stellten und die Stadt Basel mit der kolonialen Welt in Berührung brachten.[60] Insbesondere Fritz Sarasin, Präsident des Naturhistorischen Museums und des Völkerkundemuseums (des heutigen Museums der Kulturen), war für die Geschichte des Basler Zoos eine prägende Figur. Er brachte 1886 nicht nur den ersten Elefanten nach Basel, sondern war ab 1901 auch Mitglied des Verwaltungsrats des zoologischen Gartens. Von 1921 bis 1941 stand er diesem sogar als Präsident vor und trug mit seinem Know-how und seinen Beziehungen zu den Institutionen des Basler Wissenschaftsbetriebs wesentlich zur Verwissenschaftlichung des Basler Zoos bei.

Sammlung exotischer Tiere

Die Mehrheit der im Basler Zoo ausgestellten Tiere gelangte nicht durch Wissenschaftler, sondern durch Handelsleute oder Missionarinnen und Missionare nach Basel. Dass Tierfang und Tierhandel Ende des 19. Jahrhunderts nicht in erster Linie die Aufgaben von Expertinnen und Experten waren, es also meistens keine Naturwissenschaftler waren, die Tiere nach Basel brachten, hatte zur Folge, dass viele Tierarten in den Zoo gelangten, über deren Haltung man noch kaum etwas wusste und für die man keine passenden Unterkünfte zur Verfügung stellen konnte. Dies ist eine Erklärung dafür, dass viele der Tiere, die als Schenkungen in den Basler Zoo kamen, bereits kurz nach ihrer Ankunft verstarben. Insbesondere mit der Akklimatisierung von grossen Raubkatzen oder Menschenaffen war man lange Zeit überfordert. Die Tiere starben infolge Parasitenbefalls, Tuberkulose oder «nicht aufgeklärter Krankheiten».[61] Die hohe Sterblichkeit der Tiere bedeutete für den Zoo zwar hohe Auslagen, die verstorbenen Tiere konnten aber in der Regel relativ rasch wieder ersetzt werden, sei es durch Geschenke, Einkäufe oder Tauschgeschäfte mit anderen zoologischen Gärten. Im 19. Jahrhundert herrschten noch keine Restriktionen für den Import von exotischen Tieren und die Ressourcen schienen noch unerschöpflich.

    Wenn es den Verantwortlichen des zoologischen Gartens aus finanziellen Gründen oder aufgrund der beschränkten Platzverhältnisse nicht möglich war, bestimmte Tierarten zu erwerben, versuchten sie diese wenigstens vorübergehend zu zeigen. Dank Leihgaben von Tierhändlern, Wandermenagerien oder anderen zoologischen Gärten konnten die Besucherinnen und Besucher im Basler Zoo für kurze Zeit besonders aussergewöhnliche Tiere bestaunen und ihrer «Faszination für Neuheiten»[62] frönen. Während der Anwesenheit dieser Tiere verzeichnete der Zoo meistens erhöhte Besucherzahlen. Im Jahr 1880 zeigte man zum Beispiel erstmals für wenige Tage ein Nilpferd,[63] 1882 präsentierte man vorübergehend verschiedene exotische Schlangenarten,[64] 1884 war es eine Gruppe von Somalistraussen[65] (Abb. 11, S. 40) und 1887 ein Seelöwe und zwei junge Löwen.[66] Das variierende Angebot an Tieren stellte für den Zoologischen Garten Basel im ersten Jahrzehnt seines Bestehens ein wichtiger Anziehungspunkt dar, der Zusatzeinnahmen garantierte. Die Verantwortlichen setzten alles daran, im Zoo trotz der bescheidenen Mittel eine möglichst grosse Zahl an Tieren präsentieren zu können, welche die meisten Zoobesucherinnen und Zoobesucher bislang nur aus Erzählungen oder von Bildern kannten. Der zoologische Garten war für die Mehrheit der Basler Bevölkerung einer der wenigen Orte, wo man mit Exotischem direkt in Berührung kommen konnte.

Die Anschaffung exotischer Tiere nur mit der Nachfrage des Zoopublikums zu erklären, wäre allerdings zu einfach. Natürlich waren auch die Verantwortlichen des zoologischen Gartens fasziniert von den in Europa noch kaum bekannten Tieren und wollten möglichst viele von ihnen im Zoo präsentieren können. Um 1900 gehörte es zum guten Ruf eines zoologischen Gartens, eine vielseitige Sammlung an exotischen Tieren zu besitzen. Wie die naturhistorischen und völkerkundlichen Museen Europas zeichneten sich während der Blütezeit des Kolonialismus auch die zoologischen Gärten durch eine «enorme Sammlertätigkeit»[67] aus. Im Unterschied zu den Museen waren in den zoologischen Gärten Sammlungen von lebenden Objekten ausgestellt, die schnell eingehen konnten und laufend ersetzt werden mussten.

Die wissenschaftliche Neugierde der Zoo-Verantwortlichen des 19. Jahrhunderts war von enzyklopädischer Natur. Es ging den Verantwortlichen der zoologischen Gärten vor allem darum, ein möglichst breites Spektrum an verschiedensten Tierarten auszustellen. Diese deskriptive, systematische Zoologie verweist auf den damaligen Anspruch der wissenschaftlichen Eliten, die Welt zu inventarisieren und sie sich durch eine «Katalogisierung der Natur»[68] anzueignen. Bald wuchs in den zoologischen Gärten aber auch der Ehrgeiz, die wilden Tiere länger am Leben zu erhalten oder sogar Nachwuchs zu züchten. Dafür mussten die Tiere an die klimatischen Bedingungen in Europa gewöhnt werden. «Abscheu und Faszination, der Wille zur Aneignung, zur Beherrschung und zur Erkenntnis [und] die allmähliche Anerkennung der Komplexität und Eigenart verschiedener Lebensformen» waren die Aspekte,[69] die die Mensch-Tier-Beziehung in den zoologischen Gärten im 19. Jahrhundert ausmachten. Wie die Naturwissenschaftlerinnen und Naturwissenschaftler ihrer Zeit waren auch die in den Zoos tätigen Fachpersonen geprägt von dem Bedürfnis, all jene Dinge, die einer nicht-menschlichen Welt entstammten, zu klassifizieren und zu kontrollieren.[70]

Exotismus und Architektur

Die wachsende Faszination für das Fremde schlug sich im Zoologischen Garten Basel nicht nur in der immer grösser werdenden Sammlung exotischer Tiere nieder, sondern materialisierte sich auch in den neu entstehenden Tierhäusern. Das 1891 im maurischen Stil angefertigte Elefantenhaus ist das früheste und zugleich prominenteste Beispiel dafür, wie im Basler Zoo Exotismus in der Architektur inszeniert wurde. Das von Robert Tschaggeny gebaute Elefantenhaus ersetzte den alten Elefantenstall neben dem Eingangsgebäude, für den die ausgewachsene Miss Kumbuk inzwischen zu gross geworden war. Der Baustil des neuen Gebäudes unterschied sich markant von den romantischen Holzhäusern aus der Gründungszeit. Die auffällige Kuppel mit dem vergoldeten Halbmond auf der Spitze und die Fenster mit der farbigen Ornamentverglasung übten auf die Besucherinnen und Besucher eine grosse Anziehungskraft aus. Der Prestigebau zierte gemeinsam mit seiner berühmten Bewohnerin auch so manche Ansichtskarte (Abb. 8, S. 38).

Der Zoologische Garten Basel folgte mit dem Bau des Elefantenhauses einem allgemeinen Trend: In Europas zoologischen Gärten war es um 1900 üblich, die Tiere vor einer ihnen als angemessen erscheinenden architektonischen Kulisse zu präsentieren. Wie an den zu jener Zeit populären Welt- und Kolonialausstellungen wurden auch in den zoologischen Gärten mittels Architektur exotische Welten evoziert.[71] Den Besucherinnen und Besuchern, die nicht selber in fremde Länder reisen konnten, wurde so eine Möglichkeit geboten, ihre Sehnsucht nach dem Exotischen zu befriedigen und sich «die Welt imaginativ anzueignen».[72] Dabei war die Bezugnahme des Baustils auf die Herkunftsländer der ausgestellten Tiere jedoch nicht selten eher beliebig. Es kam durchaus vor, dass in einem Gebäude Tiere aus verschiedenen Regionen der Welt gehalten wurden. So lebten im Elefantenhaus des Basler Zoos neben dem Asiatischen Elefanten zum Beispiel auch afrikanische Zebras.

Genau wie die sternförmigen Anlagen aus der Gründungszeit sollten auch die neuen Tierhäuser und Gehege im Basler Zoo die Tiere möglichst systematisch präsentieren. In nebeneinander angeordneten Käfigen wurden einzelne Repräsentanten einer Art gezeigt und damit eine vergleichende Betrachtung der verschiedenen Tierarten ermöglicht. Die Zooarchitektur entsprach den Bemühungen der Wissenschaft, die Natur systematisch zu katalogisieren.[73] Im Zoo Basel heute noch nachvollziehbar ist die bauliche Entsprechung dieser systematischen Ordnung der Tierwelt im erhalten gebliebenen Antilopenhaus (Abb. 10, S. 39). Alle Ställe in dem von Fritz Stehlin und Eduard Riggenbach im Jahr 1910 konzipierten Haus sind von einer zentralen Halle aus einsehbar, so dass die Tiere dem Publikum in einer Art Panorama präsentiert werden. Auch die Aussenanlagen sind sternförmig angelegt. In dem heute nur noch drei Tierarten beherbergenden Antilopenhaus lebte im Eröffnungsjahr eine beeindruckende Auswahl an verschiedenen Antilopen, mit der die Vielfalt der Hornträger aufgezeigt werden sollte: 1910 waren im Antilopenhaus ein Paar Elenantilopen, ein Streifengnu, ein Paar Weissschwanzgnus, eine Säbelantilope, ein Paar Buschböcke, ein Paar Sumpfantilopen, eine Zwergantilope sowie ein Paar ausgewachsene und ein paar junge Afrikanische Strausse untergebracht.[74] Als «Hauptanziehungspunkt»[75] für das neue Tierhaus waren eigentlich auch Giraffen vorgesehen. Die dem zoologischen Garten durch den Basler Zoologen, Afrikaforscher, Publizisten und Grosswildjäger Adam David vermittelten Giraffen starben allerdings noch vor ihrer Abreise aus dem Sudan an einer Infektionskrankheit. Giraffen waren sehr wertvoll und galten als schwierig zu transportieren und zu halten. Aus diesen Gründen waren sie zu Beginn des 20. Jahrhunderts nur sehr selten in zoologischen Gärten zu sehen. Im Basler Zoo konnten erstmals im Jahr 1912 Giraffen bestaunt werden.

Die hohe Sterblichkeit der aus allen Weltregionen importierten Tiere hatte ebenfalls einen Einfluss auf die Zooarchitektur: Um die an andere klimatische Bedingungen gewöhnten Tiere beherbergen zu können, mussten diverse Änderungen an den bestehenden Tierhäusern unternommen oder gar neue Gehege gebaut werden. Die Anlagen aus der Gründungszeit waren entweder nicht sicher genug für die grossen und gefährlichen Tiere oder ihre Ställe waren nicht mit einer Heizung ausgestattet. Schon im Jahr 1886 war man sich im Zoologischen Garten Basel darüber im Klaren, dass ein Ausbau des alten Raubtierhauses «unabweisbar» würde, «wenn die jetzigen Vertreter der tropischen Raubtiere auf die Dauer conservirt [sic] werden sollen, abgesehen von etwaigem fernerem Zuwachs in dieser Richtung».[76] Da aber die finanziellen Mittel fehlten, konnte im Raubtierhaus vorerst nur ein Ofen eingebaut werden. Für die Beherbergung eines Löwenpaars wurde im Jahr 1890 schliesslich ein neuer Aussenkäfig mit Glasdach an das Raubtierhaus angebaut. Es war jedoch klar, dass es sich hierbei nur um eine Übergangslösung handeln konnte, bis ein für die grossen Raubkatzen geeignetes neues Haus gebaut werden konnte.

Im Jahr 1901 hatten die Architekten La Roche, Stähelin und Co. nach der Ausschreibung einer Plankonkurrenz schliesslich den Auftrag für die Erbauung eines neuen Raubtierhauses erhalten. Sie entwarfen einen Grundriss mit mittigem Gang für die Besucherinnen und Besucher sowie Raubtierkäfigen auf der einen und Reptilienabteilen auf der anderen Seite. Das Haus besass Aussenkäfige mit vergitterten Pavillons (Abb. 9, S. 38). Wie das bereits ein Jahrzehnt zuvor entstandene Elefantenhaus oder das 1910 eröffnete Antilopenhaus wurde auch das neue Raubtierhaus mit exotischen Stilelementen dekoriert: Die Fassade und das Dach waren mit indischen Motiven verziert.[77] Der Neubau wurde am 1. Januar 1904 eröffnet und stellte für den Zoo eine «neue Zierde»[78] dar. Er erfreute sich beim Publikum «grosser Beliebtheit» und war das ganze Jahr hindurch «gut besucht».[79] Insbesondere die neue Reptilienabteilung war eine grosse Attraktion. Das alte Raubtierhaus wurde umgebaut und beherbergte ab sofort keine Raubkatzen mehr, sondern Wölfe, Kragenbären sowie kleinere Raub- und Nagetiere.

Völkerschauen

Trotz des Zuwachses an exotischen Tieren blieb die finanzielle Situation des Zoologischen Gartens Basel im 19. Jahrhundert angespannt. Nur dank regelmässiger Veranstaltung von Konzerten, Lotterien, Tierverlosungen und Hunderennen konnten genügend Besucherinnen und Besucher in den zoologischen Garten gelockt und die jährlichen Betriebsdefizite einigermassen in Schach gehalten werden. Bei den jährlich stattfindenden Tierverlosungen konnten die Zoobesucherinnen und -besucher einheimische Nutztiere wie Schafe und Ponys oder auch Zebus und geschlachtete Wapiti-Hirsche gewinnen.[80] Eine weitere wichtige Einnahmequelle waren temporäre Ausstellungen vorbeiziehender Tiertransporte oder Wandermenagerien. Wie in vielen anderen europäischen zoologischen Gärten wurden dem Publikum während dieser temporären Ausstellungen auch in Basel nicht nur Tiere, sondern auch Menschen gezeigt. 1879 machte erstmals eine von Carl Hagenbeck geführte ‹Nubier-Karavane› im Zoologischen Garten Basel halt. Hagenbeck war Tierhändler, Ausrichter von Völkerschauen und später Zoodirektor. Für die Geschichte der zoologischen Gärten ist er von grosser Bedeutung, da er mit den naturalistischen Freisichtanlagen in dem 1907 von ihm eröffneten Tierpark Stellingen bei Hamburg die Zooarchitektur revolutionierte. Die ‹Nubier-Karavane› Hagenbecks bestand neben Giraffen, Elefanten, Zebus, Kamelen, Dromedaren und Eseln auch aus fünfzehn Männern aus Ägypten. Die Karawane gastierte während zwölf Tagen im Basler Zoo und zog zahlreiche schaulustige Besucherinnen und Besucher an. In den folgenden Jahrzehnten besuchten insgesamt 21 weitere solcher Völkerschauen den Basler Tiergarten. Der Begriff ‹Völkerschau› wird hier in Referenz auf Balthasar Staehelin verwendet, der ihn in seinem 1993 erschienenen Forschungsbeitrag zum Basler Zoo als Sammelbegriff für verschiedene Arten von kommerziellen Zurschaustellungen von Menschen benutzte.[81] Die in Europa umherziehenden Völkerschauen, die sich aus der Tradition wandernder Menagerien und kleiner Zirkusunternehmungen entwickelt hatten, stellten für die zoologischen Gärten eine lukrative Einnahmequelle dar. Die Ausstellung von Menschen gehörte auch im Zoologischen Garten Basel während der ersten Jahrzehnte seines Bestehens zum regelmässigen Sonderangebot, das viel Publikum anzog und die Betriebskassen füllte. Der zoologische Garten verzeichnete während der relativ kurzen Anwesenheit einer Völkerschau – manche blieben nur wenige Tage, andere einige Wochen – durchschnittlich 20 bis 25 Prozent aller Besucherinnen und Besucher eines ganzen Jahres.[82] Die dabei generierten Einnahmen teilte der zoologische Garten mit den Unternehmern der Völkerschauen. Diese waren für den Unterhalt verantwortlich, während der Zoo die Infrastruktur zur Verfügung stellte.

Um mehr Platz für diese rentablen Veranstaltungen zu bekommen, erweiterte der Zoo 1884 sein Areal. Das in Richtung Binningen an den

Garten angrenzende Stück Land, das der Zoo zehn Jahre nach Eröffnung dazu pachtete, sollte einerseits bei der Deckung des Grünfutter- und Heubedarfs des Betriebs helfen und diente andererseits der «Gewinnung eines grösseren freien Platzes für Ausstellungen und Feste».[83] Auf dem neuen Areal wurde eine ‹Festmatte› eingerichtet, auf der Veranstaltungen verschiedenster Art stattfanden, wie beispielsweise Hunderennen, Schlittenfahrten oder Schützenfeste. Die Festmatte, die vom Zoo Basel heute als Flamingo-Gehege genutzt wird, erlaubte es dem Tiergarten, grossen Menschengruppen Platz zu bieten. Zu den grössten Völkerschauen, die im Zoologischen Garten Basel im 19. Jahrhundert gezeigt wurden, zählte Carl Hagenbecks anthropologisch-zoologische Ausstellung ‹Die Singhalesen› mit 12 Elefanten und 51 Menschen aus Ceylon (dem heutigen Sri Lanka) im Jahr 1885 (Abb. 12, S. 41) oder die ‹Ostafrikaner- und Somali-Karavanen› von Joseph Mengen in den Jahren 1889 und 1891, die neben 30 Menschen zahlreiche afrikanische Tiere mitführten, unter anderem Kamele, Strausse, Leoparden, Antilopen und Affen. 1897 gastierte eine ‹Egyptische Ausstellung› in Basel, in deren ‹Beduinen-Lager› sogar 70 Menschen untergebracht waren.[84]

Um die Völkerschauen in entsprechender Kulisse zeigen zu können, wurden auf der Festmatte im zoologischen Garten während einigen Veranstaltungen Dörfer mit ‹typischen› Behausungen nachgebaut, in denen die ausgestellten Menschen aus verschiedenen Regionen Afrikas, aus Südostasien oder aus Russland wohnten. Zur Unterhaltung des Zoopublikums inszenierten die exotisierten Menschen Kriegsspiele, Maskentänze oder andere ‹authentische› Rituale, die dem Geschmack des Publikums angepasst wurden.[85] Die Völkerschauen dienten «der Zelebration und Popularisierung von stereotypen Fremdbildern».[86] Die in Basel gastierenden Darstellerinnen und Darsteller stammten meistens aus kolonialisierten Gesellschaften. Sie waren zum Beispiel als Soldaten europäischer Kolonialarmeen nach Europa gekommen oder als Kriegsgefangene verschleppt worden. Aber es gab auch Völkerschauen, die aus professionellen Künstlerinnen, Schauspielern und Fachpersonen für die Dressur von Wildtieren zusammengesetzt waren.[87]

Die Veranstalter verteidigten trotz des Spektakels auch den wissenschaftlichen Anspruch der Völkerschauen. Die Schauen waren nicht bloss zur Unterhaltung, sondern auch zur Belehrung gedacht. Begleitend zu den Darbietungen wurden im Zoo zum Beispiel im Restaurationsgebäude Ausstellungen organisiert, in denen ethnografische Objekte wie Waffen oder Masken zu sehen waren. Die im Zoologischen Garten Basel veranstalteten Völkerschauen stiessen nicht nur beim Zoopublikum auf viel Begeisterung, sondern fanden auch im Basler Wissenschaftsbetrieb viele Interessierte. Studierende und Schülerinnen und Schüler besuchten die Schauen gratis. Julius Kollmann, Professor für Anatomie an der Universität Basel, führte Untersuchungen an den mit den Völkerschauen mitreisenden Menschen durch.[88] Da die Menschen als Angehörige eines rückständigen

Naturvolkes angesehen wurden, fanden diese Untersuchungen nicht etwa mit historischen oder kulturwissenschaftlichen, sondern mit naturwissenschaftlichen Methoden statt – untersucht wurden vor allem Knochenbau und Schädelformen.[89] Damit reihten sich die Untersuchungen in die wissenschaftliche Tradition der Rassentheorie ein, welche die Menschheit aufgrund äusserlicher Merkmale wie beispielsweise der Hautfarbe oder der Schädelform in verschiedene Rassen einteilte und im 19. und frühen 20. Jahrhundert sehr einflussreich war.

Die Unternehmer der Völkerschauen wollten den Besucherinnen und Besuchern Einblick in eine ‹exotische› Welt bieten. Dem Publikum, das im zoologischen Garten auf ein bestimmtes ‹Sehen› eingestellt war, wurde während der Völkerschauen ein scheinbar authentischer Einblick in die Lebensweise fremder Kulturen gewährt.[90] Im Zoologischen Garten Basel konnten um 1900 nicht nur Tiere, sondern auch Menschen bei ihren alltäglichen Ess-, Spiel- und Kampfgewohnheiten beobachtet werden. Es waren vor allem die Lust am Spektakel und das voyeuristische Begehren, etwas Neues und Fremdes zu sehen, die das Publikum während der Völkerschauen in den Zoo zogen und es mit einem Gefühl der Überlegenheit wieder nach Hause gehen liessen.[91] Während die vermeintliche Einfachheit und Naturnähe der ausgestellten Menschen das Publikum faszinierten und dessen Sehnsüchte weckten, lösten die scheinbare Wildheit und mangelnde Zivilisiertheit der fremden Ethnien aber auch Verachtung, Unverständnis oder gar Angst aus. Wie die Zootiere wurden auch die ausgestellten Menschen als Vertreterinnen und Vertreter einer tieferen kulturellen Entwicklungsstufe angesehen.[92]

Der zoologische Garten fungierte dabei als ein Ort der Grenzziehung zwischen dem ‹Eigenen› und dem ‹Anderen› und als ein «Ort der anthropologischen Selbstreflexion».[93] Sowohl das Ausstellen fremder Tiere als auch die Zurschaustellung exotisierter Menschen konstruierte «ein zutiefst anthropomorphes, eurozentrisches Bild» des ‹Wilden›,[94] das den sich als kultiviert betrachtenden Europäerinnen und Europäern half, sich selber einordnen und verstehen zu können. Die Völkerschauen waren Teil einer eurozentrischen Repräsentationspraxis, die das koloniale ‹Andere› als «identitätsstiftende Kontrastfolie»[95] benutzte. Der koloniale Aspekt dieser Völkerschauen äussert sich letztlich vor allem in der Formierung und im Bedienen einer «Denkhaltung», die in den zoologischen Gärten die Ausstellung exotischer Tiere und aussereuropäischer Menschen «assoziativ und unreflektiert verknüpft[e]».[96] Durch das Ausstellen von Tieren und Menschen wurde auch im Basler Zoo die Dominanz über das Fremde demonstriert. Es sind nicht nur die groben Verstösse gegen die Menschenwürde, die physische Gewalt oder die in Kauf genommenen Todesfälle, welche die Brutalität und den Rassismus der Völkerschauen offenbaren, sondern vor allem auch die «ganz alltäglich[e], beständig[e] Gedankenlosigkeit und Ignoranz aufseiten des Publikums, der Veranstalter, der Presse und der faszinierten Wissenschaftler».[97]

Löwenkäfig. — Zoolog. Garten.   Gruss aus Basel

25851 Zoolog. Garten in Basel   Miss Kumbuck

Alleinvertrieb der Verw. des Z. G.

[5] Das alte Raubtierhaus mit einem Löwenpaar. Für die Ankunft der ersten Löwen im Basler Zoo im Jahr 1890 wurde an das aus der Gründungszeit stammende Raubtierhaus ein Aussenkäfig mit Glasdach angebaut. Postkarte, ca. 1900.

[6] Postkarte mit Miss Kumbuk, der ersten Elefantenkuh im Zoologischen Garten Basel. Die Forschungsreisenden Paul und Fritz Sarasin hatten Miss Kumbuk, die während vieler Jahre der Hauptanziehungspunkt des Basler Zoos war, 1886 von einer Expedition nach Ceylon (dem heutigen Sri Lanka) mitgebracht.

[7] Verschiedene im Zoologischen Garten Basel gehaltene Tiere. Die Faszination für das Fremde schlug sich im Basler Zoo in einer wachsenden Sammlung exotischer Tiere nieder. Postkarte, ca. 1900.

BASEL
Elephantenhaus
i. zoolog. Garten.

Basel, zoolog. Garten
Neues Raubtierhaus

[8] Das 1891 im maurischen Stil von Robert Tschaggeny erbaute Elefantenhaus. Der mit farbigen Ornamentverglasungen und einer auffälligen Kuppel mit vergoldetem Halbmond ausgestattete Prestigebau war für die Elefantenkuh Miss Kumbuk errichtet worden. Postkarte, ca. 1900.

[9] 1904 wurde das von den Basler Architekten La Roche, Stähelin & Co. erbaute Raubtierhaus eröffnet, das wie das Elefantenhaus von 1891 mit exotischen Stilelementen dekoriert war und neben Raubtieren auch Reptilien beherbergte. Postkarte aus der Zeit.

[10] Postkarte mit dem 1910 eröffneten, von den Basler Architekten Fritz Stehlin und Eduard Riggenbach erbauten Antilopenhaus. Mit den nebeneinander angeordneten Käfigen, die alle von einer zentralen Halle einsehbar waren, wurde eine systematische Ordnung der Tierwelt präsentiert. Im heute noch existierenden Antilopenhaus waren im Jahr 1910 Elen-, Säbel-, Zwerg- und Sumpfantilopen sowie Buschböcke, Strausse, Weissschwanzgnus und ein Streifengnu ausgestellt.

[11] Straussenausstellung von Carl Hagenbeck. Die vorübergehend im Basler Zoo zu sehenden Ausstellungen zogen besonders viel Publikum an, 1884.

[12] ‹Die Singhalesen› auf der Festmatte im Zoologischen Garten Basel. Die von Carl Hagenbeck organisierte Völkerschau war vom 5. bis 16. Juli 1885 mit 51 Frauen, Männern und Kindern sowie 12 Elefanten und 8 Zebus in Basel zu Gast.

[13] ‹Kalmücken-Karawane› auf der Festmatte im Zoologischen Garten Basel. Vom 28. September bis zum 17. Oktober 1897 gastierte die von E. Gehring organisierte Völkerschau mit 31 Frauen, Männern und Kindern sowie 6 Kamelen, 4 Pferden und 8 Schafen in Basel.

Ausbau und Krisen in der ersten Hälfte des 20. Jahrhunderts

Auch die regelmässige Veranstaltung von Völkerschauen konnte nicht verhindern, dass der Zoologische Garten Basel bis zur Jahrhundertwende immer wieder mit Geldsorgen zu kämpfen hatte. Die mangelnden finanziellen Mittel verunmöglichten in den ersten Jahrzehnten seines Bestehens eine kontinuierliche Entwicklung des Basler Zoos. Es war vor allem die wohlwollende Unterstützung von Seiten der Bevölkerung, welche die Existenz des zoologischen Gartens im 19. Jahrhundert sicherte. Dank der Spenden von Privatpersonen konnte der Zoo in den 1890er-Jahren seine Schulden abbauen. Diverse Bau- und Gartengeschäfte lieferten dem Zoo gratis Materialien und dank zahlreicher Geschenke konnte der Tierbestand attraktiv gehalten werden.[98] Um der Basler Bevölkerung für ihre Unterstützung zu danken, organisierte der zoologische Garten anlässlich seines 25-jährigen Jubiläums im Juli 1899 ein «Nachtfest mit Gartenbeleuchtung und Tanz im Freien».[99]

Der Erste Weltkrieg stoppt den Aufwärtstrend

Zum Jubiläum erreichten den zoologischen Garten erneut viele Sympathiebekundungen aus der Basler Bevölkerung. Der Zoo hatte sich in den letzten Jahrzehnten zu einem festen Bestandteil des Basler Stadtbilds entwickelt, den man nicht mehr missen wollte. Eine besonders frohe Botschaft erhielt der Zoo im Jahr 1901, als Johannes Beck ihm ein Legat von über 750 000 Franken hinterliess. Die Zinsen dieses Vermächtnisses sollten den zoologischen Garten endlich auf eine solide Grundlage stellen.[100] Zum Dank organisierte der zoologische Garten im Juni 1903 den ersten der noch heute alljährlich stattfindenden sogenannten Johannes-Beck-Tage. Am 24. Juni 1903 besuchten erstmals 30 000 Personen zu Ehren des Gönners den Zoo gratis (Abb. 14, S. 53).[101] Das Legat von Beck ermöglichte es dem Zoologischen Garten Basel zu Beginn des neuen Jahrhunderts, Pläne für einen kontinuierlichen Ausbau des Tiergartens zu schmieden. Der Bau von neuen Tierhäusern schien dank der geänderten ökonomischen Verhältnisse endlich realisierbar, und der Basler Zoo konnte nun einige seit längerer Zeit im Raum stehende Projekte, wie beispielsweise den Bau eines zweiten Raubtierhauses, nach und nach in Angriff nehmen. Auch die Gartenanlage wurde weiter ausgestaltet und mit neuen Blumenbeeten angereichert.

Nun wuchs auch der Tierbestand des Basler Zoos. Die Jahresberichte lassen allerdings auf kein systematisches Sammlungskonzept schliessen – der Tierbestand war stark abhängig von den Angeboten auf dem Markt und den von Privatpersonen erhaltenen Geschenken. Auch die Überlebensfähigkeit der Tiere hatte einen Einfluss darauf, welche Tiere im Basler Zoo regelmässig zu sehen waren. Die Sterblichkeit der Zootiere war zu Beginn des 20. Jahrhunderts nach wie vor sehr hoch, weshalb sich die Auswahl der im Zoo präsentierten Tiere laufend änderte. Trotzdem vergrösserte sich der Tierbestand nun jährlich.

Der Aufschwung, den der Zoo zu Beginn des 20. Jahrhunderts erlebte, ermöglichte auch eine Aufstockung des Personals. Beim Verwaltungsrat und der Direktion wuchs dank der neuen Ressourcen zudem der Anspruch, den «Lehrzweck des Gartens»[102] vermehrt in den Blick zu nehmen. Als erster Vermittlungsversuch wurden zur Erleichterung der Erkennung der ausgestellten Tiere an den Gehegen Schilder oder Glaskästen mit gezeichneten Bildern der verschiedenen Arten angebracht. Mit Unterstützung der Basler Gesellschaft für das Gute und Gemeinnützige (GGG) bot der zoologische Garten ab 1907 erstmals öffentliche, populärwissenschaftliche Führungen sowie Abendkurse für Lehrpersonen an.[103] Den Teilnehmenden dieser Kurse wurde, ebenso wie neuerdings den Schulklassen, freier Eintritt in den Zoo gewährt.[104]

Der Ausbruch des Ersten Weltkriegs im Sommer 1914 unterbrach die positive Entwicklung des Zoos abrupt. Der Zoologische Garten Basel, der im April 1914 seinen langjährigen Direktor Gottfried Hagmann verloren hatte und nun durch Adolf Wendnagel geleitet wurde, bekam die Absperrung der Stadt gegenüber dem Ausland und die «abnorm hohe[n] Preise sämtlicher Bedarfsartikel» während der Kriegsjahre stark zu spüren.[105] Wegen der fehlenden finanziellen Mittel und des Personalmangels musste er sich beim Unterhalt der Gebäude und Gehege auf die «allernotwendigsten Reparaturen»[106] beschränken. Die Rationierung der Futtermittel hatte ausserdem negative Auswirkungen auf den Gesundheitszustand der Tiere, so dass man sich gezwungen sah, den Tierbestand wesentlich zu verkleinern. Mit insgesamt 259 Todesfällen war das Jahr 1917 das verlustreichste seit Bestehen des Zoos. Im selben Jahr wurde der zoologische Garten mit dem Tod der beliebten Elefantenkuh Miss Kumbuk auch seiner «Hauptanziehungskraft»[107] beraubt. Trotz der finanziellen Ressourcen der Johannes-Beck-Stiftung stellte der Erste Weltkrieg für den Basler Zoo eine unvergleichbare Belastungsprobe dar. Der Zoologische Garten Basel, der 1916 ein Betriebsdefizit von 40 000 Franken verzeichnete, war mehr denn je auf Zuwendungen angewiesen: «Nur durch die allgemeine Mithilfe wird es möglich sein, den Betrieb auch fernerhin aufrecht zu erhalten»,[108] hiess es im Jahresbericht 1918.

Massnahmen für eine finanzielle Erholung

Nach Kriegsende gründeten befreundete Kreise des Basler Tiergartens einen Verein zur Förderung des Zoologischen Gartens Basel (den heutigen Freundeverein des Zoo Basel). Der Verein wollte sich ab 1919 «als Hilfsorgan»[109] um die finanzielle Erholung des zoologischen Gartens kümmern und unterstützte diesen bei der Beschaffung von neuen Tieren oder investierte in verschiedene Propagandamassnahmen. Bereits Ende 1919 schienen die Aktionen des Vereins zu wirken und der Basler Zoo konnte sich «wieder eines regeren Besuchs seitens des Publikums» erfreuen.[110] In den folgenden Jahren widmete sich der Verein unter anderem der Entwicklung verschiedener Publikationsorgane, wie einem neuen Zooführer, einem von der Direktion herausgegebenen «kleine[n] Atlas mit photographischen Aufnahmen»[111] und Ansichtskarten. Er kümmerte sich darum, dass in «Hunderten von Zeitungen, Zeitschriften und Kalendern» Illustrationen des Zoos erschienen und bei grossen Anlässen wie zum Beispiel der Mustermesse Plakate zu einem Zoobesuch einluden.[112]

Nachdem ein ausserordentlicher Zuschuss des Basler Grossen Rates in der Höhe von 40 000 Franken sowie zwei Legate ehemaliger Verwaltungsratsmitglieder von insgesamt 150 000 Franken geholfen hatten, die während des Krieges entstandenen Schulden zu tilgen, hatte für den Zoologischen Garten Basel nach Ende des Krieges das Auffüllen der Lücken im Tierbestand oberste Priorität.[113] Bereits 1917 hatte der Verkehrsverein eine Geldsammlung für den Ankauf eines neuen Elefanten organisiert. Da Elefanten in Europa durch den Krieg zur Mangelware geworden waren, war es dem Zoo aber erst 1919 möglich, mit der Elefantenkuh Miss Jenny vom deutschen Zirkus Krone einen neuen Asiatischen Elefanten zu erwerben. In einer Zeit, in der zooeigene Expeditionen nach Übersee noch nicht üblich waren, bildeten Zirkusunternehmen neben Tierhandlungen eine wichtige Quelle für die Anschaffung von Zootieren. Der internationale Tierhandel war durch den Ersten Weltkrieg vorübergehend zum Erliegen gebracht worden und der Basler Zoo konnte die Verbindungen zu Tierhändlern und zoologischen Gärten im Ausland erst in den 1920er-Jahren allmählich wieder aufbauen. Da der Zoo auch nach Ende des Ersten Weltkriegs nach wie vor Tiere von Schweizer Handels- und Forschungsreisenden geschenkt erhielt, konnte er 1921 erstmals seit Beginn des Krieges wieder eine Vergrösserung des Tierbestands verzeichnen.[114]

Es ist möglich, dass die Krisenjahre «die Erinnerung an die lukrativen Völkerschauen des 19. Jahrhunderts wachgerufen» hatten.[115] Jedenfalls stellte der Basler Zoo 1922 mit der Völkerschau ‹Aegypten und seine Rätsel› nach über zwanzig Jahren erstmals wieder Menschen aus. In den folgenden rund zehn Jahren gastierten fünf weitere grosse Völkerschauen in Basel. Während sich im 19. Jahrhundert vor allem die zirkusähnlichen Schauen grosser Beliebtheit erfreut hatten, waren ab den 1920er-Jahren sogenannte «Eingeborenendörfer»[116] populär. Wenn die Besucherinnen und Besucher im zoologischen Garten zusätzlich zu den Tieren exotisierte Menschen anschauen wollten, mussten sie nun für den Zugang zur inzwischen eingezäunten Festmatte erhöhte Eintrittsgebühren bezahlen.[117]

Der Verwaltungsrat schien den Völkerschauen gegenüber allerdings zwiespältig gestimmt. Der neue Verwaltungsratspräsident Fritz Sarasin kritisierte 1922, dass sich die gezeigte «Negergruppe […] in wissenschaftlicher Beziehung bei weitem nicht auf der Höhe früher gezeigter Völkerschaustellungen, wie etwa der Singhalesen-Truppe» befand.[118] Seine Bedenken, «ein solches Völkergemisch ohne jeden Lehrwert dem Publikum vorzuführen»,[119] verflüchtigten sich allerdings, als er sah, wie erfolgreich die Völkerschau war. Vier Jahre später plädierte Sarasin dann aber dafür, «dass es nun für einige Zeit der Schaustellungen genug sei».[120] Nachdem die sechzig Frauen, Männer und Kinder des ‹Negerdorfes aus dem Senegal› während 84 Tagen auf der Festmatte zu sehen gewesen waren, schien man in Basel ein wenig übersättigt.[121] Die Völkerschau hatte zwar zahlreiche Besucherinnen und Besucher in den Zoo gelockt, aber «infolge der notwendigen Einschalung der Festwiese durch eine Bretterwand [auch] gründlich den schönen Eindruck des Gartens» verdorben.[122] Ausserdem störten das «Getrommel und andere Unzuträglichkeiten» die Ruhe im Tiergarten.[123] Die Völkerschauen schienen inzwischen grundsätzlich «etwas aus der Mode gekommen zu sein».[124] Sie vertrugen sich immer weniger mit dem neuen Selbstverständnis des Zoologischen Gartens Basel: Das Spektakel auf der Festmatte, das Ende des 19. Jahrhunderts noch zum Normalbetrieb gehörte, schien das Tiererlebnis im Zoo nun negativ zu beeinflussen.

Dennoch fanden im Basler Zoo zu Beginn der 1930er-Jahre noch zwei weitere Völkerschauen statt: 1932 präsentierte der zoologische Garten «ausstorbend[e] Lippennegerinnen aus Zentral-Afrika» und drei Jahre später gastierte eine ‹Marokkaner-Truppe› in Basel.[125] Die letzte im Jahr 1935 im Basler Zoo gezeigte Völkerschau zog aber nur noch wenige Besucherinnen und Besucher an; die Faszination an der Zurschaustellung exotisierter Menschen schien allmählich verklungen zu sein.

Das Tier in seinem ‹natürlichen› Lebensraum

Ab Mitte der 1920er-Jahre war der zoologische Garten wirtschaftlich wieder besser aufgestellt. Er hatte sich inzwischen aus «bescheidenen Anfängen zu einer anerkannten Sehenswürdigkeit entwickelt, auf welche Basel mit Stolz blicken» durfte,[126] wie Sarasin anlässlich des 50-jährigen Jubiläums im Jahr 1924 lobte. Die Zunahme des Interesses am zoologischen Garten zeigte sich auch im Anstieg der Anzahl Besucherinnen und Besucher. Im Jahr 1922 konnte der Zoo mit 261 445 verkauften Eintrittskarten bereits einen neuen Rekord verzeichnen. In den folgenden Jahren gelang es mehrmals, diesen Rekord zu übertreffen.

Endlich konnten nun auch die schon seit Kriegsbeginn notwendigen Reparaturen an Gebäuden und Gehegen in Angriff genommen, die Gartenwege geteert und die Kanalisation ausgebaut werden. In den ab den 1920er-Jahren getätigten Umbauten manifestierte sich die neu aufgekommene Idee, die Zootiere, wenn immer möglich, in ihrer ‹natürlichen› Umgebung zu zeigen. So wurden zum Beispiel die Wildschweine aus ihrem umgitterten Käfig in ein von einer niedrigen Mauer umzogenes, mit einem Bächlein und mit Waldboden ausgestattetes Gehege versetzt.[127] Für die Bisons wurden «grosse Laufräume» gebaut, in denen sich die Tiere «weitgehender Bewegungsfreiheit» erfreuen konnten.[128] Damit für das Publikum ein ungestörtes Sehen möglich war, wurden auch hier die Eisengitter durch einen Graben und eine niedrige Mauer ersetzt. «Wo es irgend angeht, soll[te] diese für die Betrachtung grossen Vorteil bietende Methode» im Zoologischen Garten Basel nun nach und nach zur Anwendung kommen,[129] wie es im Jahresbericht von 1924 hiess.

Mit den architektonischen Neuerungen reagierte der Basler Zoo auf den in anderen zoologischen Gärten Europas bereits verbreiteten Trend, die Tiere nicht mehr durch Gitter von den Betrachtenden zu trennen, sondern im Zoo die Illusion einer durchgehenden Landschaftsperspektive zu schaffen. Diese Art der Gehege-Gestaltung ging zurück auf Carl Hagenbeck, der im Tierpark in Stellingen bei Hamburg erstmals weitläufige und naturnahe Freisichtanlagen bauen liess, welche die Tiere in ‹authentischen› Lebensräumen zeigten. Die «Hagenbecksche Revolution der Zooarchitektur»[130] war Ausdruck eines Umdenkens in der Wildtierhaltung und brachte eine völlig neue Art der Präsentation von Zootieren mit sich. Es begann nun eine Epoche, in der zoologische Gärten bemüht waren, ihre Tiere möglichst naturnah zu zeigen.[131] Hagenbeck, der die Gitterstäbe in den zoologischen Gärten als bedrückend empfand, wollte den Zoobesucherinnen und -besuchern mit gitterlosen Gehegen die Illusion vermitteln, die Tiere würden in freier Wildbahn leben. Bereits auf der Berliner Gewerbeausstellung im Jahr 1896 hatte er mit einem 60 Meter tiefen und 25 Meter breiten Eismeerpanorama mit Eisschollen und Eiszapfen aus Pappmaché, vor dem sich Eisbären, Seehunde und Vögel scheinbar frei tummelten, seine Idee zum ersten Mal vorgestellt.[132] Mit der Löwenschlucht im Tierpark Stellingen folgte dann die weltweit erste gitterlose Freisichtanlage für Raubtiere. Die Löwenschlucht trennte die Tiere nur durch Wassergräben vom Publikum und bot diesem ein harmonisches Gesamtbild ohne störende Gitterstäbe. Nicht eine tiergerechtere Haltung gab den Anstoss zum Bau dieser neuartigen Gehege, sondern das Bedürfnis nach einem neuen Seh-Erlebnis. Es waren ein «romantische[s] Naturverständnis» und die aufkommende «Sensibilität für Authentisches»,[133] welche die architektonische Gestaltung von zoologischen Gärten beeinflussten. Das Publikum hatte genug von den in engen Käfigen hinter Eisengittern hin und her tigernden Raubkatzen und wollte im zoologischen Garten ‹frei› lebende Wildtiere in natürlichen Familienverbänden präsentiert bekommen.[134]

Die von Hagenbeck im Tierpark Stellingen entwickelte Ästhetik der Zooarchitektur begann sich erst nach dem Ersten Weltkrieg allmählich in Europa zu verbreiten. Von einer breitflächigen Durchsetzung der neuen architektonischen Gestaltung kann in vielen zoologischen Gärten sogar erst nach dem Zweiten Weltkrieg gesprochen werden. Im Zoologischen Garten Basel begann die Ablösung vom enzyklopädischen Prinzip der Tierausstellung mit sternförmigen Anlagen und schweren Eisengittern mit zwei neuen, von Urs Eggenschwyler gebauten Freisichtanlagen aus den 1920er-Jahren. Nachdem der Solothurner Bildhauer bereits 1906 die Felsenkulisse der Löwenschlucht in Stellingen gestaltet hatte, prägte er zu Beginn der 1920er-Jahre auch das Erscheinungsbild des Basler Zoos. Eggenschwyler modellierte 1921 und 1922 sowohl die Felsgruppe mit gitterlosen Gehegen für Murmeltiere, Klippschliefer, Agutis und Maras als auch die künstliche Felsenlandschaft der heute noch intakten Seelöwenanlage (Abb. 16, S. 55). Der Murmeltierfelsen und die Seelöwenanlage waren die ersten Gehege im Basler Zoo, die von Anfang an als gitterlose Freisichtanlagen konzipiert worden waren. Der Affenfelsen von 1930 (Abb. 17, S. 55) und die Freisichtanlage für Eis-, Braun- und Amerikanische Schwarzbären aus dem Jahr 1932 waren weitere frühe Beispiele dieser Art der Gehege-Gestaltung.

Dem Menschen ähnlich

Neben der Architektur und den neuen Freisichtanlagen hatte auch die Zunahme des biologischen Wissens einen Einfluss auf die Beziehung der Menschen zu den Tieren im zoologischen Garten. In den Augen der Menschen begannen sich die Zootiere allmählich von attraktiven Schaustücken zu wertvollen Studienobjekten zu entwickeln. Die Direktion und der Verwaltungsrat des Zoologischen Gartens Basel pflegten einen guten Kontakt zu der lokalen Wissenschaftsszene. In der Hoffnung, dass die Untersuchungen Kenntnis über die Todesursachen der Tiere liefern und zu einer Optimierung der Tierhaltung beitragen könnten, wurden die Kadaver der verstorbenen Zootiere nach wie vor in der Pathologisch-Anatomischen Anstalt der Universität Basel seziert. Ab Ende der 1920er-Jahre begann man, sich im Basler Zoo aber zunehmend auch für die Erforschung der *lebenden* Tiere zu interessieren.[135] Es etablierten sich allmählich neue Forschungsansätze, die von der im Entstehen begriffenen vergleichenden Verhaltensforschung und Tierpsychologie beeinflusst waren. Die beiden biologischen Teildisziplinen, die zu Beginn des 20. Jahrhunderts noch nahe verwandt waren und sich erst ab den 1950er-Jahren ausdifferenzierten, waren unter anderem vom Theoriesystem des Darwinismus beeinflusst. Charles Darwins Evolutionstheorie hatte eine Neuordnung der sentimentalisierenden und vermenschlichenden Wahrnehmung von Tieren bewirkt. Besonders dessen Werk *The Expression of the Emotions in Man and Animals* aus dem Jahr 1872 förderte die Entstehung einer neuen Diskussion über die Vermenschlichung der Tierwelt.[136] Eine Folge der Erkenntnisse Darwins zu den tierischen Gefühlen war die wachsende Emotionalisierung der Beziehung der Menschen zu den Tieren. Tiere wurden zunehmend als Wesen wahrgenommen, die eine Seele besitzen und ähnliche Gefühle wie der Mensch empfinden können. An die Stelle grundlegender Differenzen zwischen Mensch und Tier traten nunmehr «graduelle Unterschiede und massive Grenzverwischungen».[137] Die durch die Abstammungslehre verringerte Distanz förderte einen Anthropomorphismus, der trotz wachsender Wissenschaftlichkeit das Verhältnis der Menschen zu den Tieren in den zoologischen Gärten nachhaltig prägen sollte.[138]

Mit der Verbreitung der Tierpsychologie entwickelte sich im Zoologischen Garten Basel eine neue Nähe zu bislang primär als wild und gefährlich wahrgenommenen Tieren. Dies lässt sich gut am Beispiel der Haltung der Schimpansen Max und Moritz illustrieren, die in dem 1927 neu eröffneten Vogel- und Menschenaffenhaus beherbergt wurden. Vor allem der junge Tierpfleger Carl Stemmler, der sich hinsichtlich der Haltung von Menschenaffen im Basler Zoo in den folgenden Jahrzehnten zu einer prägenden Figur entwickeln sollte, pflegte mit den Schimpansen einen vertrauten Umgang. Aus Angst, die jungen Schimpansen könnten im zoologischen Garten nicht lange gehalten werden, wurden sie vom Zoopersonal beschäftigt und ‹erzogen›. Nun, da die klimatischen Bedingungen mit dem neuen Tierhaus hatten optimiert werden können und man nicht mehr befürchten musste, die «empfindlichen»[139] Menschenaffen würden bereits nach kurzer Zeit an Tuberkulose oder anderen Krankheiten sterben, wollte man sie für eine langfristige Haltung im Zoo dressieren. Dazu gehörten auch vermenschlichende Beschäftigungsprogramme wie beispielsweise das Essen mit Messer und Gabel, Ausfahrten in Spielzeugautos oder das Erlernen von kleinen Kunststücken (Abb. 15, S. 54). Die Dressurnummern widerspiegelten unter anderem den Willen der Zoofachpersonen, die Tiere «in die Zivilisation zu integrieren».[140] Weder im Basler Zoo noch in anderen zoologischen Gärten Europas wusste man zu jener Zeit viel über die Haltung von Menschenaffen. Als Massnahme gegen die Langeweile der Tiere wurde Verschiedenes ausprobiert, wobei mitunter menschliche Vorstellungen auf die Affen projiziert wurden. Die Zoofachpersonen handelten die Beziehung zwischen Mensch und Menschenaffe aus. Sie versuchten herauszufinden, was die Affen alles lernen konnten und inwiefern sich ihr Verhalten von jenem der Menschen unterschied. Die Erziehungsmassnahmen dienten nicht nur der Belustigung des Publikums, sondern waren durchaus auch von wissenschaftlicher Neugier und Überlegungen zur Tierhaltung beeinflusst.

Der Zoologische Garten Basel inszenierte die Beziehung zwischen den jungen Schimpansen und dem Zoopersonal als eine sehr innige, und

Max und Moritz entwickelten sich rasch zu den «Lieblinge[n] des Publikums».[141] Doch schon bald stellte sich heraus, dass die Affen weniger zahm waren als erwartet. Sie verhielten sich den Tierpflegern gegenüber «widerspenstig» und machten immer wieder Gebrauch von ihrem «starke[n] Gebiss».[142] Dass die Tiere im zoologischen Garten das Zoopersonal angriffen, war ein bekanntes Phänomen. Fehlendes Wissen über eine tiergerechte Haltung hatte in der Vergangenheit wiederholt zu teilweise sogar tödlich endenden Unfällen geführt. Bereits 1930 konnten die inzwischen ausgewachsenen Schimpansen nicht mehr gemeinsam in einem Käfig gehalten werden und wurden separat untergebracht. Die «früher gutartige[n]» Schimpansen wurden nun als «aggressiv» wahrgenommen, und die Tierpfleger konnten die neu mit Eisengittern verstärkten Käfige nicht mehr betreten.[143]

Turbulente 1930er-Jahre

In den Jahren vor dem Zweiten Weltkrieg konnte der Zoologische Garten Basel sein Areal zweimal wesentlich erweitern. Der erste Ausbau fand 1930 statt, als der Zoo sein Gebiet um das Areal bis zum Birsigviadukt vergrösserte. Die Regierung hatte ihm dieses Landstück bereits anlässlich seines 50-jährigen Jubiläums im Jahr 1924 versprochen. Die Erweiterung ermöglichte es dem zoologischen Garten, den Eingang des Tiergartens vorzuverlegen und als Reaktion auf die zunehmende Motorisierung der Bevölkerung eine grosse Fläche für Parkplätze einzurichten. Im neuen Eingangsbereich entstanden Gehege für Flamingos, Strausse und Zebras, eine Freisichtanlage für Bären und ein vom Förderverein gespendeter Affenfelsen.

Die Expansion kam für den Zoologischen Garten Basel genau zum richtigen Zeitpunkt: Mit der Eröffnung eines neuen zoologischen Gartens in Zürich wuchs nämlich für den traditionsreichen Basler Zoo die nationale Konkurrenz. 1928, als in Zürich die Planung eines zoologischen Gartens bereits in vollem Gang war, hiess es im Jahresbericht des Basler Zoos: «Unser Basler Garten muss, so lange es immer möglich ist, der erste der Schweiz bleiben.»[144] In der Überzeugung, dass «Stillstand […] selbstverständlich Rückgang bedeuten» würde,[145] sollte der zoologische Garten mit dem Ausbau bis zum Viadukt noch mehr Besucherinnen und Besucher anziehen. Die Investitionen zahlten sich aus: Bereits im Jahr 1930 verzeichnete der Zoo einen neuen Rekord an Besucherinnen und Besuchern und die «ängstlichen Gemüter, die wegen der Eröffnung des Zürcher Gartens eine Schädigung» des Basler Zoos befürchtet hatten,[146] beruhigten sich.

1934 konnte der Zoo mit dem ihm von Ulrich Sauter vermachten Legat von 600 000 Franken das Landstück zwischen der Elsässerbahn und dem Dorenbachviadukt erwerben. Der Zoo baute das Gebiet in den folgenden Jahren zum sogenannten Sautergarten aus, welcher 1939 eröffnet wurde. Auf dem neuen Areal, mit dem der inzwischen beinahe vollständig von der Stadt umschlossene zoologische Garten nochmals eine bedeutende Erweiterung erfuhr, entstanden zunächst eine Felsenanlage für Steinböcke und ein Bassin für Pinguine. Im Jahr 1935 war zudem das alte Restaurationsgebäude durch ein neues Gasthaus ersetzt worden.

Trotz Geldgeschenken und Ausbau ging die sich verschärfende politische Lage auch am Zoologischen Garten Basel nicht spurlos vorbei. Bereits ab 1935 begannen die jährlichen Besucherzahlen aufgrund der angespannten wirtschaftlichen Lage zu sinken. Noch zwei Jahre bevor der Zweite Weltkrieg den zoologischen Garten erneut in einen Ausnahmezustand versetzte, ereignete sich im Zoo mit dem Ausbruch der Maul- und Klauenseuche eine folgenschwere Katastrophe. Die verheerende Viruserkrankung von Paarhufern brach im November 1937 aus. Das Eidgenössische Veterinäramt verfügte eine Schliessung des Zoos bis Ende Februar 1938. Aus Angst, die Angestellten könnten die Seuche ausserhalb des Zoos verbreiten, durften diese den Tiergarten vorübergehend ebenfalls nicht verlassen. Die Seuche hatte für den zoologischen Garten mit insgesamt 27 verstorbenen Tieren im Wert von 65 000 Franken erhebliche Verluste zur Folge.[147] Es dauerte lange, bis der Zoo die Lücke im Bestand der Wiederkäuer schliessen konnte. Die finanziellen Folgen der Seuche und die Konsequenzen für die Reputation des Zoos machten sich noch während des ganzen Jahres 1938 bemerkbar, da insbesondere die Landbevölkerung den zoologischen Garten mied und es deshalb auch nach der Ausrottung der Seuche zu Ausfällen bei den Eintrittsgebühren kam.[148]

Dem Zoo blieb keine Zeit, sich von den Folgen der Seuche zu erholen – mit dem Ausbruch des Zweiten Weltkriegs rutschte er im September 1939 in die nächste Krise. Das Fehlen des zum Militärdienst eingezogenen Personals, die Preissteigerung und die Rationierung der Heiz- und Futtermittel verunmöglichten ein Aufrechterhalten des Normalbetriebs. Da es an Fleisch mangelte, konnten beispielsweise die Raubtiere nur noch jeden zweiten Tag gefüttert werden. Ausserdem war die Zufuhr von Meeresfischen unterbrochen, weshalb bald sämtliche Seelöwen verstarben.[149] Ein akutes Problem stellte zudem die durch die Lebensmittelrationierung verursachte Brotknappheit dar. Der Zoo versuchte die Engpässe zwar mit Sonderbeantragungen beim Kriegsernährungsamt zu überbrücken, dennoch führten die enorme Futterknappheit und die grassierende Tuberkulose erneut zu zahlreichen Tierverlusten. Im Jahr 1940 starben im zoologischen Garten wertvolle Tiere wie Giraffen, Steinböcke, Rentiere, Antilopen, Tiger, Pumas. Jaguare sowie Schimpansen und Orang-Utans. Bereits im ersten Kriegsjahr verzeichnete der Zoo insgesamt deutlich mehr Todesfälle als Geburten.[150]

Rudolf Geigy und die ‹Propaganda-Delegation›

Trotz oder gerade wegen seiner gravierenden Auswirkungen markierte der Zweite Weltkrieg für den Zoologischen Garten Basel den Beginn einer neuen Ära. Wesentlich verantwortlich für die noch während des Krieges angestossenen Veränderungen war Rudolf Geigy, der nach dem Rücktritt und Tod von Fritz Sarasin im Jahr 1941 das Präsidium des Verwaltungsrats des Zoos übernahm. Geigy war der Überzeugung, dass auch während der Kriegsjahre versucht werden musste, «durch Intensivierung und Ausbau der Propagandatätigkeit nicht nur in Basel, sondern in der ferneren und näheren schweizerischen Nachbarschaft» auf den Zoo aufmerksam zu machen und Besucherinnen und Besucher anzuziehen.[151] Der Verwaltungsrat setzte es sich als oberste Priorität, mit verschiedenen Massnahmen «durch Aufklärung und Belehrung für den Garten zu werben», und gründete zu diesem Zweck eine «Propaganda-Delegation»,[152] die der Direktion bei der Vorbereitung verschiedener Aktionen unterstützend zur Seite stehen sollte.

Als erste Massnahme weitete die Delegation das Angebot der populärwissenschaftlichen Führungen im Zoologischen Garten Basel aus und bot Veranstaltungen an der Basler Volkshochschule an. Als Referenten traten die an der Universität Basel lehrenden Verwaltungsräte und Biologen Rudolf Geigy und Adolf Portmann, der Tierpfleger Carl Stemmler oder der damalige Direktor des Berner Tierparks Dählhölzli, Heini Hediger, auf. Weiter versuchte der Verwaltungsrat des Zoos den Kontakt mit der Presse zu «intensivieren und dafür zu sorgen, dass in den verschiedensten Schweizer Zeitungen Artikel über den Zoologischen Garten erscheinen».[153] 100 Mitgliedern des Basler Pressevereins wurde zu diesem Zweck während eines Jahres freier Eintritt in den Zoo gewährt. Weitere Veranstaltungen wie ein «Wallisertag» oder ein «Santiklausen-Wettbewerb» ergänzten die intensivierte Werbetätigkeit.[154] Während der von der Gesellschaft für das Gute und Gemeinnützige (GGG) organisierten «Woche der Gemeinnützigkeit» im Juni 1943 richtete der zoologische Garten auf dem Barfüsserplatz eine «Zolli-Oase»[155] ein – eine Ausstellung mit Kamelen, Eseln und anderen Nutztieren. Und bereits ein Jahr zuvor war im alten Direktionswohnhaus als Weihnachtsüberraschung für die Basler Bevölkerung ein kleines Aquarium mit zwanzig Süss- und Meerwasserbecken gebaut worden. Diese mit spärlichen Mitteln angefertigte Unterkunft für die bis anhin in dürftigen Behältern untergebrachten Tiere «erntete beim Publikum begeisterten Beifall, denn sie füllt[e] eine seit langem empfundene Lücke aus».[156] Alle diese Massnahmen brachten dem Zoo zwar nicht unwesentliche Auslagen, der Verwaltungsrat versprach sich von ihnen aber einen Anstieg der Besucherzahlen sowie eine «aufklärende und erzieherische Arbeit auf weite Sicht».[157]

Die Präsidentschaft Geigys sorgte im Zoologischen Garten Basel auch für frischen Wind, was die Optimierung der Tierhaltung und die

Kontakte zur Wissenschaft anbelangte. Als ausserordentlicher Professor für Embryologie und Genetik und als späterer Gründer des Schweizerischen Tropeninstituts intensivierte Geigy die Kontakte des Zoos nicht nur zur städtischen Universität, sondern auch zur Basler Pharmaindustrie. Die Pharmaunternehmen berieten den zoologischen Garten im Umgang mit Tierkrankheiten und belieferten ihn mit Mitteln zur Parasiten-Bekämpfung.[158] Zu einer Verwissenschaftlichung der Tierhaltung im Basler Zoo trug auch die Zusammenarbeit mit dem eidgenössischen Gesundheitsamt in Bern bei, die vom ab 1942 im Basler Zoo tätigen Tierarzt Ernst Lang initiiert worden war. So viel Not und Verlust die Kriegsjahre dem Basler Zoo auch brachten, sie ermöglichten doch zahlreiche Neuerungen, die für seine Entwicklung in den folgenden Jahrzehnten prägend sein sollten.

[14] Anlässlich der ersten Feier zu Ehren des Gönners Johannes Beck vom 24. Juni 1903 wurde das Portal des Zoologischen Gartens Basel geschmückt. Bis heute geniessen die Besucherinnen und Besucher am sogenannten ‹Johannes-Beck Tag› freien Eintritt in den Zoo. Postkarte aus der Zeit.

[15] Postkarte mit den Schimpansen Max und Moritz in einem Spielzeugauto. Im Zuge der Etablierung der Tierpsychologie und der Verhaltensforschung wurden die Menschenaffen im Zoologischen Garten Basel ab den 1920er-Jahren ähnlich wie Menschenkinder erzogen und beschäftigt.

[16] Seelöwenanlage, 1922 von Urs Eggenschwyler erbaut. Die heute noch existierende Seelöwenanlage gehörte zu den ersten Gehegen im Zoologischen Garten Basel, die von Beginn an als gitterlose Freisichtanlagen konzipiert wurden. Postkarte aus der Zeit.

[17] Affenfelsen aus dem Jahr 1930. Bis 2010 war der von Javaneraffen bewohnte Felsen im Zoologischen Garten Basel ein beliebter Publikumsmagnet.

[18] Übersichtsplan des Zoologischen Gartens Basel. Der Plan zeigt das Areal nach dessen Erweiterung bis zum Birsigviadukt mit dem Affenfelsen und den neuen Gehegen für Bären, Zebras und Strausse. Postkarte aus den 1930er-Jahren. [→ S. 56/57]

1297. BASEL. Zoolog. Garten. Seelöwen.

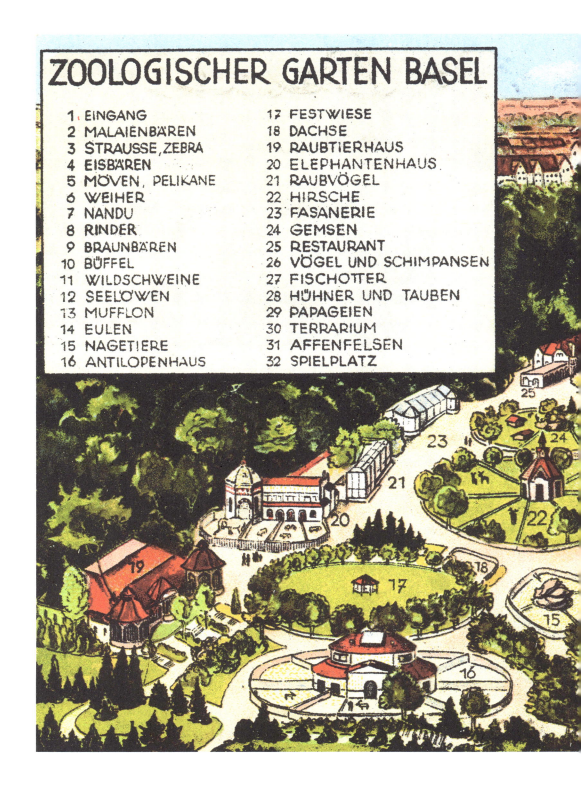

Tiergartenbiologie und die ‹Zolli-Erneuerung› ab 1944

[19] Der neue Zoodirektor Heini Hediger (links) und der Verwaltungsratspräsident Rudolf Geigy im Zoologischen Garten Basel, 29. April 1944.

Neuorganisation im Sinne der Tiergartenbiologie

Dank seiner Vernetzung mit der Universität war der Verwaltungsrat des Zoologischen Gartens Basel über die Entwicklung der Verhaltensforschung und die Veränderungen in der Wildtierhaltung seit den 1930er-Jahren bestens informiert. Dem Verwaltungsratspräsidenten Rudolf Geigy war bewusst, dass der Zoo, wollte er mit der Zeit gehen, die wissenschaftlichen Erkenntnisse auf institutioneller Ebene umsetzen und nach Ende des Zweiten Weltkriegs eine grundsätzliche Erneuerung anstreben musste. Dafür sollten so bald als möglich auch auf personeller Ebene Veränderungen initiiert werden.

Heini Hediger

Als geeignetste Person für die Umsetzung des Projekts einer umfassenden ‹Zolli-Erneuerung› sah Geigy den jungen Heini Hediger. Der Basler Zoologe, der seit 1938 den Tierpark Dählhölzli in Bern leitete, machte seit einigen Jahren mit bahnbrechenden, tierpsychologischen Forschungen auf sich aufmerksam. Bevor Hediger die Leitung des Berner Tierparks übernommen hatte, war er an der Universität Basel als Assistent des renommierten Biologen und Naturphilosophen und späteren Präsidenten des Fördervereins des Zoologischen Gartens Basel Adolf Portmann tätig gewesen, hatte als Privatdozent tierpsychologische Vorlesungen gehalten und als Kurator im Naturhistorischen Museum gearbeitet. Den Basler Zoo nutzte Hediger seit 1934 für tierpsychologische Beobachtungen und führte mit der Erlaubnis des Direktors Adolf Wendnagel Experimente mit Schimpansen, Bären und Elefanten durch.[159] Ausserdem hielt er Vorträge an Kursen der Basler Volkshochschule, die durch den Zoo organisiert wurden.

Mit Geigy und Portmann blieb Hediger auch während seiner Zeit in Bern kollegial verbunden. Bereits 1938 sollen die drei Biologen über eine mögliche Zukunft Hedigers als Direktor des Basler Zoos gesprochen haben.[160] Da Hediger im Dählhölzli von Beginn an mit Widerständen und parteipolitischen Auseinandersetzungen zu kämpfen hatte, wollte er trotz seiner Erfolge im Bereich der Tierhaltung so bald als möglich wieder zurück nach Basel. Bereits kurz nach seinem Amtsantritt in Bern hatte er sich mit einem Brief an Geigy gewandt und diesen gefragt, ob er von einer Möglichkeit wisse, bald wieder an das Naturhistorische Museum Basel zurückzukehren.[161] Dabei liess er zwischen den Zeilen durchblicken, dass er durchaus auch grössere Ambitionen hatte und sich vorstellen konnte, die Leitung des Basler Zoos zu übernehmen: «Ob Sie in Basel jetzt oder später für mich noch andere Möglichkeiten sehen, oder ahnen, müssen Sie besser wissen»,[162] heisst es im Brief. Geigy wusste, dass Hediger schon immer den Wunsch gehegt hatte, «einmal eine leitende Stellung in einem zoologischen Garten oder in einem Tierpark übernehmen zu können».[163] Die Schwierigkeiten in Bern rückten den zoologischen Garten seiner Heimatstadt wieder in den Mittelpunkt von Hedigers Visionen.

Geigy und Portmann warteten nur darauf, ihren vielversprechenden Kollegen zurück nach Basel und in den hiesigen zoologischen Garten holen zu können. Im Juni 1943 schien dafür der richtige Zeitpunkt gekommen: Auf Initiative Geigys legte der Verwaltungsrat dem langjährigen Direktor Wendnagel den Ruhestand nahe.[164] Mit seiner «abnehmenden Leistungsfähigkeit» und seinem «mangelnden Verständnis für eine moderne Tierhaltung» schien Wendnagel für die angestrebte Neuausrichtung des zoologischen Gartens nicht geeignet.[165] Hediger hingegen wurde als kompetent befunden, das Projekt der Verwissenschaftlichung voranzutreiben. Bereits ein Jahr zuvor hatte Hediger Geigy «Vorschläge und Gedanken zu einer Reorganisation und zum Ausbau des Zoologischen Gartens Basel» vorgelegt.[166] Darin hatte er Überlegungen zur Zucht und zur Ernährung von Zootieren festgehalten, Ideen zum Ausbau der Öffentlichkeitsarbeit skizziert sowie die Bedeutung der Dressur erläutert. Die Visionen Hedigers überzeugten Geigy, der im Verwaltungsrat Werbung für seinen Kollegen machte und diesem so ermöglichte, seine Projekte endlich in einem grossen zoologischen Garten verwirklichen zu können. Hediger wurde 1943 einstimmig und ohne Gegenkandidaten zum Nachfolger Wendnagels gewählt und trat im Frühjahr 1944 die Stelle als Direktor des Zoologischen Gartens Basel an.

Der Amtsantritt in Basel war ein wichtiger Meilenstein für Hedigers beispiellose Karriere in der internationalen Zoolandschaft. Die Ideen des 1943 von der Universität Basel zum ausserordentlichen Professor berufenen Zoologen verbreiteten sich nach Ende des Zweiten Weltkriegs über die Grenzen der Schweiz und Europas hinaus. Mit seinen vielgelesenen Publikationen zur Wildtierhaltung etablierte sich Hediger in den folgenden Jahren weltweit zum gefragten Fachmann für Tierpsychologie und Tiergartenbiologie.[167] Er wurde bei zahlreichen Neugründungen oder Umgestaltungen von zoologischen Gärten zu Rate gezogen, wie zum Beispiel in Innsbruck, Algier, Singapur, São Paulo, Sydney, Washington oder Indianapolis.[168] 1946 war Hediger Mitbegründer des Internationalen Zoodirektorenverbands IUDZG (*International Union of Directors of Zoological Gardens*), dem er zwischen 1949 und 1952 auch als Präsident vorstand.

Eine «Lehre von der Wildtierhaltung im Zoo»[169]

Hedigers Forschung fand deshalb so viel Beachtung, weil sie das Wissen aus diversen zoologischen Arbeitsgebieten in einer Theorie systematisierte und ein «fest umrissenes Anwendungsfeld»[170] schuf. Sein 1942 erschienenes Buch *Wildtiere in Gefangenschaft. Ein Grundriss der Tiergartenbiologie* lieferte erstmals eine wissenschaftliche Basis für die Zootierhaltung und legte den Grundstein für die Etablierung der Tiergartenbiologie als eigene Disziplin der angewandten Zoologie. Noch heute gilt die Tiergartenbiologie als *die* massgebende Disziplin für die Konzipierung und Führung von zoologischen Gärten. Das wirkungsmächtige Buch, das Theorien der Verhaltensforschung auf die bis anhin nur empirisch untersuchte Zootierhaltung anwandte, wurde in der Nachkriegszeit in zahlreiche Sprachen übersetzt und entwickelte sich zu einem Standardwerk für Zoo-Fachleute.[171]

In *Wildtiere in Gefangenschaft* griff Hediger auf seine intensiven Tierbeobachtungen und seine Erfahrungen als Direktor des Berner Tierparks zurück und untersuchte die Lebensräume der Tiere sowie das Verhältnis zwischen den Menschen und den Tieren. Die Tiergartenbiologie verstand Hediger als ein «Grenzgebiet» unterschiedlicher wissenschaftlicher Fachrichtungen, das sich mit Fragen von «der Zoologie bis zur humanen Psychologie, von der Ökologie bis zur Pathologie» beschäftigte.[172] Bis anhin hatte die Zootierhaltung aus «eine[r] Summe von mehr oder weniger zusammenhangslosen Einzelrezepten und Einzelfeststellungen» bestanden.[173] Die Tiergartenbiologie lieferte eine synthetisierende, auf eine praktische Anwendung zielende Zusammenführung von verschiedenen Forschungszweigen. Hedigers Ansatz bestand darin, die wichtigsten Definitionen der Verhaltensforschung auf eine bislang «rein empirisch untersuchte Gefangenschaft» anzuwenden.[174] Er wollte die Tierwelt aus einer biologischen Sichtweise betrachten und kämpfte gegen die verbreitete Tendenz an, die Tiere in den zoologischen Gärten zu vermenschlichen. Für eine «Biologisierung der Wildtierhaltung»[175] sollten die Zootiere wissenschaftlich analysiert werden. Indem sie über biologische Verhältnisse aufklärte und anthropomorphisierende Fehlannahmen richtigstellte, sollte die Tiergartenbiologie auch mit Vorurteilen gegenüber der Gefangenhaltung von Tieren in zoologischen Gärten aufräumen. Gemäss Hediger war die Projektion menschlicher Bedürfnisse auf die Tiere eine häufige Ursache für die Kritik an der Zootierhaltung.

Mit der Etablierung der Tiergartenbiologie als «eigene, hybride Disziplin» reihte sich Hediger in eine bis heute andauernde Diskussion über die «Authentizität des Lebensraumes» im Zoo ein.[176] Seit sich in den zoologischen Gärten Europas das von Carl Hagenbeck initiierte, gitterlose Haltungs- und Präsentationssystem durchgesetzt hatte, sahen sich die Zoos mit einem wachsenden Anspruch auf Authentizität im Sinne einer naturnahen Gehege-Gestaltung konfrontiert. Die Angriffe auf den konventionellen Zoobetrieb nahmen zu und die Zoos mussten sich die Frage stellen, was für Lebensräume Zootiere brauchen, um ihr ‹natürliches› Verhaltensrepertoire zeigen zu können. Die gewachsene «Sensibilität für Authentisches»[177] ging mit der Verbreitung eines Naturschutzgedankens einher, der die Erwartungen an die Haltung und die Repräsentationsweise der Tiere veränderte. Auch die vor dem Zweiten Weltkrieg im Entstehen begriffene Verhaltens- und Domestikationsforschung interessierte sich für die Naturnähe der Lebensräume von Zootieren und eine bedürfnisgerechte Gestaltung dieser Räume.[178] Mit ihrem verhaltensbiologischen Ansatz und dem Konzept des Territoriums lieferte Hedigers Tiergartenbiologie Antworten auf Fragen, welche die zoologischen Gärten seit der Zwischenkriegszeit beschäftigten.[179] Wichtige Einflüsse für Hediger waren neben seinen universitären Kollegen und Lehrern Geigy und Portmann unter anderem auch die Verhaltensforschung von Konrad Lorenz und der Behaviorismus von John B. Watson oder Iwan Petrowitsch Pawlow. Auch die tierpsychologische Theorie des Zoologen Otto Antonius, Leiter des Tiergartens Schönbrunn, beeinflusste Hedigers Tiergartenbiologie.

Die Tiergartenbiologie lieferte einerseits «die wissenschaftlichen Grundlagen für die optimale und sinngemässe Haltung von Wildtieren im Zoo»,[180] befasste sich andererseits aber auch mit dem Verhältnis von Mensch und Tier im zoologischen Garten. Der Zoo war für Hediger ein Ort der «tiermenschlichen Begegnung»,[181] ein sozialer Lebensraum, in dem das Zoopublikum die Komplexität der tierischen Verhaltensweisen erfahren sollte. Hediger sah im Tier nicht nur «eine Sache, ein Objekt», sondern auch «ein fühlendes, handelndes Wesen, ein Subjekt, dessen Verhaltensweisen sich bis zu einem gewissen Grad personal verstehen lassen, ähnlich wie ein Mensch einen anderen versteht».[182] In seinem Anspruch, die Komplexität der Tiere anzuerkennen und die Tiere in der öffentlichen Wahrnehmung aufzuwerten, blieb Hediger trotz seines Einsatzes für eine «dringend notwendige Biologisierung der Tierhaltung» letztlich auf menschliche Deutungen der Biologie der Tiere angewiesen.[183] Er vermochte die Frage, wie man die Perspektive eines Tieres als Subjekt empirisch erfassen kann, nicht abschliessend zu klären. Die tierpsychologische Perspektive verfolgte er insbesondere in seinen Schriften aus den 1960er-Jahren weiter: Die Bücher *Beobachtungen zur Tierpsychologie im Zoo und im Zirkus* von 1961 und *Mensch und Tier im Zoo. Tiergarten-Biologie* von 1965 stellten praktische Weiterführungen seiner erfolgreichen Publikation von 1942 dar.

Intensivierte Forschungstätigkeit

Mit dem Antritt Hedigers als neuem Direktor begann im Zoologischen Garten Basel eine Phase der umfassenden Umstrukturierung. Die wissenschaftlichen Impulse der Tiergartenbiologie veränderten das Selbstverständnis des Zoos nachhaltig. Der veraltete «Menageriecharakter»[184] wurde abgelegt und mit neuen, tierpsychologischen Konzepten ersetzt. Man wollte mit den zeitgenössischen Entwicklungen mithalten und erhoffte sich, durch die Neuorganisation wirtschaftlich wieder erfolgreicher zu werden. «Voraussetzung für die gedeihliche Weiterentwicklung eines Tiergartens ist die Vermeidung jeglicher Stagnation»,[185] war Hediger überzeugt. Das Bedürfnis nach Fortschritt und Professionalisierung war typisch für die gesellschaftspolitische Dynamik der Nachkriegszeit, die sich durch Modernisierungsprozesse und Fortschrittsoptimismus in den unterschiedlichsten Lebensbereichen auszeichnete.[186] Die Schweiz erlebte in den 1950er-Jahren eine wirtschaftliche Hochkonjunktur, die von einem rapiden Bevölkerungswachstum begleitet wurde.[187] Der Zoo konnte sich nach Ende des Krieges relativ schnell von den harten Krisenjahren erholen. Er profitierte von der gesamtgesellschaftlichen Aufbruchsstimmung, in deren Zug die städtische Infrastruktur ausgebaut wurde und viele Kulturinstitutionen eine breite Unterstützung durch die Stadt und die Bevölkerung erfuhren.[188]

Im Jahr 1949, als der Zoologische Garten Basel sein 75-jähriges Jubiläum feierte, lancierte die Geschäftsleitung offiziell das Projekt der ‹Zolli-Erneuerung›. Neben einer Anpassung der Tierhaltung nach tiergartenbiologischen Kriterien wurde auch eine Intensivierung der wissenschaftlichen Tätigkeit des Zoos angestrebt. Der Basler Zoo sollte seine Forschungstätigkeit ausweiten, wobei insbesondere Hediger forderte, dass sich diese primär auf das lebende statt auf das tote Tier fokussierte, nämlich «auf sein Verhalten und – insofern dieses Verhalten nicht nur beschrieben, sondern auch gedeutet wird – auf seine Psychologie».[189] Im Zentrum standen für Hediger die «subjektiven intimen Tier-Mensch-Beziehungen», die «bisher vom offiziellen Forschungsprogramm systematisch ferngehalten» worden waren.[190]

In den zoologischen Gärten Europas begann in der Nachkriegszeit eine «selbstbewusste Periode»[191], während der die Ergebnisse der Verhaltensforschung und der Tierpsychologie Eingang in alle Zoobereiche fanden. Zoos boten optimale Bedingungen für tierpsychologische Untersuchungen und verfügten über «kostbares Tier- und Beobachtungsmaterial», das maximal «verwertet» werden sollte.[192] Die neuen Forschungsmöglichkeiten untermauerten die Nützlichkeit zoologischer Einrichtungen als Forschungsstätten. Neben Hediger beteiligte sich auch Rudolf Schenkel an der Etablierung des Forschungszweiges der Verhaltensforschung im Basler Zoo. Der Ethologe führte zahlreiche Forschungsprojekte durch und veröffentlichte im Jahr 1947 eine wirkungsmächtige Studie über das Verhalten der Wölfe im zoologischen Garten.[193] Der Blick in die Jahresberichte des Basler Zoos zeigt, dass sich dieser zunehmend über seine Forschungstätigkeit definierte. In den Berichten wurde eine neue Rubrik eingeführt, in der Vorträge, Führungen sowie wissenschaftliche und publizistische Tätigkeiten des Zoos aufgeführt wurden. Im Verlauf der Jahre nahmen auch die den Jahresberichten beigefügten Forschungsbeiträge immer mehr Platz ein. Diese behandelten Themen wie zum Beispiel: *Die Basler Zwergflusspferd-Zucht, Das Röntgen in der Praxis des Zootierarztes, Beobachtungen an afrikanischen Elefanten, Neue Wege der Tierernährung am Basler Zoologischen Garten, Vergleichende Hirnstudien im Zoologischen Garten, Die künstliche Aufzucht eines Jägerliest oder Lachenden Hans* oder *Die Wal- und Delphinhaltung.*[194]

Neben tierpsychologischen Beobachtungen wurden im Zoologischen Garten Basel auch immer mehr «anatomische, systematische, physiologische und parasitologische Untersuchungen» durchgeführt.[195] Im Vergleich zu verschiedenen ausländischen Zoos, die bereits «über gut ausgestattete Laboratorien, über zahlreiche Hilfskräfte, oft über besondere Forschungsbauten und schliesslich über reichlich finanzielle Mittel» verfügten, war die Infrastruktur in Basel noch im Aufbau begriffen. Die neue personelle Zusammensetzung von Verwaltungsrat und Direktion begünstigte die Intensivierung der wissenschaftlichen Arbeit.[196] «Besonders innig»[197] waren die Beziehungen zu dem von Geigy geleiteten Schweizerischen Tropeninstitut, für das der Zoo Vorlesungen, Führungen und Übungen organisierte. Auch die Zusammenarbeit mit anderen zoologischen Gärten und «Bildungs- und Forschungsinstituten, die an dem Material irgendwie interessiert» waren,[198] wurde gefördert. Indem er der Wissenschaft sowohl tote als auch lebende, beobachtbare Tiere zur Verfügung stellte, initiierte der Zoo neue Forschungen und spielte eine aktive Rolle im städtischen Wissenschaftsbetrieb.[199] Umgekehrt bedeutete die Verflechtung mit der Universität auch für den Zoo eine Effizienzsteigerung in vielen Abläufen des Arbeitsalltags. Der neuen wissenschaftlichen Perspektive lagen natürlich auch ökonomische Motive zugrunde: Man realisierte, wie dank der Analyse des Verhaltens die Lebensbedingungen der exotischen Tiere verbessert werden konnten und diese so länger überlebten. So konnte verhindert werden, dass die teuren Tiere alle paar Jahre ersetzt werden mussten.[200]

Zivilisationskritik

Mit der Etablierung der Tiergartenbiologie wurde in den zoologischen Gärten nicht nur die Forschungstätigkeit aufgewertet, die Zoos nahmen auch eine neue pädagogische Verantwortung wahr. Indem sie den Besucherinnen und Besuchern zoologisches Wissen vermittelten, wollten die Zoos das Tierverständnis der breiten Bevölkerung vertiefen. «Der Tiergarten darf heute nicht mehr nur eine Anlage zur Belustigung und Unterhaltung des Publikums sein, sondern er hat gleichzeitig auch die Aufgabe einer Volksbildungsstätte zu erfüllen»,[201] war Hediger überzeugt. Von einer Zunahme der Kenntnisse über die Tiere versprach er sich eine Sensibilisierung für deren Schutzbedürftigkeit. Hediger zeigte sich besorgt über den Zustand der Natur und die wachsende Bedrohung der Tierwelt:

> «Indessen nimmt die Verarmung unserer Tierwelt und damit die Verödung unserer Heimat ein derartiges Tempo und ein solches Ausmass an, dass jeder, der von diesem Tatbestand Kenntnis hat, trotz allem nicht ruhig zuwarten darf. Denn es stehen unwiederbringliche Werte auf dem Spiel, und viel kostbares Naturgut ist uns bereits endgültig verloren gegangen.»[202]

Zoologische Gärten sahen es zunehmend als ihre Verantwortung, zum Erhalt der Natur beizutragen, und entwickelten sich allmählich zu «Asylen»[203] für bedrohte Tierarten. Der von Zoos geleistete Artenschutz beschränkte sich zunächst auf einheimische Tiere wie Störche oder Fischotter. Hediger wünschte sich jedoch, dass sich Zoos zu «Ausbreitungszentren eines vernünftigen Tierschutzes und des für die ganze Menschheit so eminent wichtigen Naturschutzes» weiterentwickelten.[204] Bis dieser Artenschutzgedanke eine globale Dimension annahm, dauerte es allerdings noch einige Jahre. In der breiten Öffentlichkeit begann sich erst in den 1960er-Jahren ein Bewusstsein für die neuen Gefahren für die Umwelt herauszubilden. Die Veränderungen in der Wahrnehmung der Natur und der Tierwelt waren durch den starken Anstieg der Umweltbelastung ausgelöst worden. In der Nachkriegszeit nahmen der Energieverbrauch ebenso wie das Abfallvolumen und die Schadstoffbelastung von Wasser, Luft und Boden zu. Gleichzeitig vergrösserte sich der Flächenbedarf für Siedlungen.[205] Mit dem Auftreten erster grüner Bewegungen ab Mitte der 1960er-Jahre erfuhr das traditionelle Heimat- und Naturschutzdenken eine entscheidende Ausdehnung und entwickelte sich zu einem neuen, «ganzheitlichen Umweltschutzdenken».[206]

In *Mensch und Tier im Zoo* äusserte sich Hediger besorgt über die wachsende «Naturentfremdung des Grossstadtmenschen».[207] Dieser lebe immer mehr «in eine[m] naturfernen, abstrakten tierleeren Raum aus künstlichem Material mit künstlichem Licht und künstlichem Klima, eingewickelt in ein Gewirr von elektrischen Leitungen und surrenden, wenn nicht lärmenden Maschinen»,[208] konstatierte er besorgt. Die Folge des «beängstigende[n] Eindringen[s] der Technik in unseren Alltag» sei ein verstärktes Bedürfnis nach Kontakt mit der Natur.[209] Als «kulturelle Institution» sollte sich ein Zoo seiner Ansicht nach nicht nur mit zoologischen Angelegenheiten, sondern auch mit «menschlichen Problemen»[210] und Bedürfnissen beschäftigen. In seinen Publikationen zur Tiergartenbiologie befasste sich Hediger deshalb auch mit der anthropologischen Seite zoologischer Gärten. Diese seien einerseits «Asyle» für bedrohte Tiere, sollten aber andererseits auch den Besucherinnen und Besuchern Zuflucht vor dem bedrohlichen Grossstadtleben bieten. Zoos waren «Notausgänge zur Natur, […] wo der Stadtmensch seinen tiefsitzenden, nicht von einer

Generation zur anderen abstreifbaren Naturhunger» befriedigen könne.[211] Die Beziehung zum Zootier als «kostbar[e] Leihgabe aus der bedrohten Natur»[212] sollte Linderung für die herrschende «Zivilisationskrankheit [und] psychische Mangelerscheinung» bieten.[213] Hediger versuchte in seiner tierpsychologischen Theorie zwar das Tier dem Menschen anzunähern und aufzuzeigen, wie durchlässig die Trennung zwischen den Spezies war, seine zivilisationskritischen Aussagen zeigen aber, dass der Zoologe trotzdem von einer klaren Trennung der Sphären Natur und Kultur ausging. Innerhalb eines dualistischen Systems funktionierte der Zoo für Hediger als verbindender Ort:

> «Hier wäre einzuflechten, dass diese beiden gegensätzlichen Einrichtungen symbolisch in enger Beziehung zueinander stehen. Natur und Technik sind eigenartige Partner; sie brauchen nicht Feinde zu sein. Gerade der Zoo mit seinen technischen Hilfsmitteln veranschaulicht die Möglichkeit einer Partnerschaft.»[214]

Der Zoo stellte «im Organismus der Grossstadt»[215] eine Art Oase dar, welche die Menschen mit dem Reich der Tiere und der Natur in Verbindung brachte. Hediger betonte die Aufgabe der Regeneration, die für das Selbstverständnis des Basler Zoos bereits im 19. Jahrhundert elementar gewesen war. Seine Theorie der Tiergartenbiologie erhielt damit eine stark anthropozentrische Note.[216]

Wechsel in der Direktion

Der Zoologische Garten Basel definierte sich seit 1944 zwar zunehmend über seine Forschungstätigkeit, im Verlauf der Jahre stellte sich aber heraus, dass die Direktion und der Verwaltungsrat unterschiedliche Vorstellungen davon hatten, wie diese konkret auszusehen hatte. Obschon die gute Zusammenarbeit mit der Universität immer wieder nachdrücklich betont wurde, nahmen die Missstimmungen zwischen Hediger und Geigy hinter den Kulissen zu. Laut Alex Rübel, dem langjährigen Direktor des Zürcher Zoos, soll der Vorwurf im Raum gestanden haben, Hediger «würde die wissenschaftliche Arbeit im Zoo behindern und sabotieren».[217] Tatsächlich lehnte Hediger verschiedene vom Tropeninstitut geplante Forschungsarbeiten ab, wie zum Beispiel biomedizinische Versuche mit Infektionserregern. In einem Brief an Geigy sprach sich Hediger 1948 explizit gegen die Haltung von Versuchstieren im Zoo aus, schätzte diese gar als «ausserordentliche Gefahr»[218] für den Zoo ein. Unter Berufung auf die Grundsätze des Tierschutzes wünschte er sich eine «saubere Trennung»[219] von Zootierhaltung und Tierversuchen:

> «Gemäss Art. 1 der kürzlich vom Verwaltungsrat genehmigten Betriebsordnung erfolgt die Pflege im Basler Zoologischen Garten nach den Grundsätzen des Tierschutzes. Es geht daher nicht an, dass gleichzeitig im Zoologischen Garten Tierversuche angestellt werden. Ich jedenfalls möchte eine derartige Zwiespältigkeit weder vor mir noch vor der Oeffentlichkeit vertreten. Dass die Haltung von Versuchstieren im Zoologischen Garten früher oder später publik und in der Oeffentlichkeit zu grossen, für uns sehr schädlichen Diskussionen führen würde, muss jeder voraussehen, der sich in Tierschutzkreisen einigermassen auskennt.»[220]

Während Hediger seine eigenen tierpsychologischen Studien für unproblematisch befand, stellte er sich hier dezidiert gegen Geigys Vorhaben, im Zoo biomedizinische Versuche durchzuführen. Die internen Unterlagen lassen vermuten, dass Hediger und der Verwaltungsrat neben den gegensätzlichen Standpunkten bezüglich Forschungstätigkeit auch in puncto Zooführung divergierende Ansichten vertraten. Hediger, für den ein zoologischer Garten in erster Linie eine «wissenschaftlich geführte Kulturinstitution zum Zwecke des Natur- und Artenschutzes» war,[221] soll sich nur marginal für wirtschaftliche Aspekte und gewinnbringende Unternehmensführung interessiert haben. Kam hinzu, dass mit den Jahren auch die Ansprüche des inzwischen weltweit bekannten Tiergartenbiologen stiegen. Hediger forderte nach der Entwicklung des Gesamtprojekts von 1949 eine Lohnerhöhung sowie die Durchführung verschiedener Renovierungsarbeiten an der Direktionswohnung.[222] Der Verwaltungsrat ging nur zögerlich auf diese Wünsche ein, woraufhin sich die Stimmung zwischen der Direktion und dem Verwaltungsrat nochmals verschlechterte. Nachdem Hediger 1952 von der Veterinärmedizinischen Fakultät der Universität Zürich die Ehrendoktorwürde verliehen bekam, bewarb er sich auf die in Zürich frei werdende Stelle als Zoodirektor.[223] Ende Februar 1953 gab er dem Verwaltungsrat des Zoologischen Gartens Basel in einem eingeschriebenen Brief die Wahl zum Direktor des Zoologischen Gartens Zürich bekannt. Daraufhin ernannte der Verwaltungsrat den Tierarzt Ernst Lang, der soeben von einer Expedition nach Tansania heimgekehrt war, zum neuen Direktor des Basler Zoos. Die Amtsübergabe fand am 1. April 1953 statt.

Die Stimmung zwischen Hediger und dem Zoologischen Garten Basel blieb über Jahrzehnte frostig. In der von Lang verfassten Festschrift zum 100-Jahr-Jubiläum des Zoos im Jahr 1974 wurde Hediger trotz seiner Verdienste für den Basler Zoo mit keinem Wort erwähnt.[224] Ungeachtet der persönlichen Differenzen führte der Basler Zoo das von Hediger mitgestaltete Projekt der ‹Zolli-Erneuerung› aber auch unter der Leitung von Lang fort. Die Basler Zoopraxis war in den 1950er- und 1960er-Jahren nach wie vor von tiergartenbiologischen Ideen geprägt.[225] Lang, der seit 1942 als Tierarzt im Zoo gearbeitet hatte, leitete den Tiergarten ab 1953 bis zu seiner Pensionierung im Jahr 1978. Mit dem Verwaltungsrat pflegte er einen regen Austausch: «Ich denke, dass es selten ist, in einem Zoologischen Garten solch eine vertrauensvolle, ja freundschaftliche Zusammenarbeit zwischen dem Verwaltungsrat, dessen Präsidenten, und der Direktion zu finden!»,[226] schrieb er 1960 in einem Brief an Geigy. Unter Lang, der wie Hediger ebenfalls Vorlesungen am Tropeninstitut hielt, verstärkte der Zoo noch einmal die Zusammenarbeit mit der Universität, insbesondere mit der Zoologischen Anstalt und dem Biologisch-Chemischen Institut. Während Langs Amtszeit wuchs auch der überregionale Austausch des Zoologischen Gartens Basel mit diversen wissenschaftlichen Institutionen. Verschiedene Forschungseinrichtungen, die Tierversuche unternahmen, wandten sich mit Anfragen betreffend Tierhaltung an den Zoo, darunter das Tierzuchtinstitut der ETH Zürich, das Medizinisch-Chemische Institut der Universität Bern, das Schweizerische Serum- und Impfinstitut Bern, das Zentrallaboratorium des Schweizerischen Roten Kreuzes oder das Laboratoire de Zoologie et d'Anatomie comparée in Lausanne.[227] Die Veterinär-Ambulatorische Klinik der Universität Bern untersuchte tote Tiere und Kotproben, die der Basler Zoo einsandte. 1962 wurde Lang als Privatdozent für Zoologie und Tiergartenbiologe an der Universität Basel habilitiert. Die Zusammenarbeit mit diversen wissenschaftlichen Institutionen ist ein starkes Indiz dafür, dass das Projekt der Verwissenschaftlichung des Zoologischen Gartens Basel unter der Leitung von Lang weitergeführt und nochmals intensiviert wurde.

Zuchterfolge

«Die fortschreitenden biologischen und in neuerer Zeit auch die tierpsychologischen Erkenntnisse» kämen der «veredelnden Tierhaltung»[228] zugute, betonte Verwaltungsratspräsident Geigy 1949 anlässlich des 75-jährigen Jubiläums des Zoologischen Gartens Basel. Der neue Anspruch auf Wissenschaftlichkeit rückte auch die Praxis der Zucht stärker in den Fokus. Ein Zuchterfolg war für Hediger «ein eindeutiges Kriterium der richtigen biologischen Haltung».[229] Aus diesem Grund sprach er sich für eine Tierhaltung in Gruppen aus und verurteilte die noch immer weit verbreitete Einzelhaltung als «unbiologisch».[230] Der Basler Zoo verabschiedete sich in der Nachkriegszeit endgültig von seinem veralteten Sammlungskonzept und bemühte sich, die Tiere nicht mehr systematisch geordnet, sondern unter «möglichst natürlichen [...] Bedingungen in typischen Familien- oder Sozialverbänden, also Zuchtgruppen» zu präsentieren.[231]

Um Nachwuchs züchten zu können, mussten Zoos, welche nur im Besitz einzelner Vertreter bestimmter Tierarten waren, ihre Tiere mit geeigneten Zuchtpartnern zusammenbringen. Dies wurde ermöglicht durch den Austausch mit anderen zoologischen Gärten oder durch eine Anreicherung des Tierbestands mit Tieren aus der Wildnis. Bereits 1942 hatte Hediger «im Interesse einer möglichst fruchtbaren züchterischen Auswertung des [...] vorhandenen Tiermaterials» den Wunsch nach einer verstärkten Zusammenarbeit der zoologischen Gärten geäussert.[232] Ein Austausch der Zootiere war wichtig für den Erhalt der Variabilität im Genpool und die Vermeidung von Inzest. Die wachsende Kooperation der zoologischen Gärten zum Zweck einer erfolgreichen Zucht bewirkte in der Nachkriegszeit nicht nur eine Zunahme an wissenschaftlichen Erkenntnissen, sondern auch eine Reorganisation der Zoolandschaft.[233] Diese Reorganisation führte dazu, dass zoologische Gärten ab Ende der 1960er-Jahre schliesslich begannen, Zuchtbücher als Koordinationselemente anzulegen. Das Interesse an Zuchtprogrammen fokussierte sich zunächst vor allem auf seltene Säugetiere wie zum Beispiel Antilopen, Nashörner oder Gorillas, weitete sich aber im Verlauf der Jahre auf zahlreiche andere Tierarten aus. Von koordinierten Erhaltungszuchtprogrammen mit institutionsübergreifenden Sammlungskollektiven kann zwar erst ab den 1980er-Jahren gesprochen werden, die durch die Erhaltungszuchtprogramme entstandene Vernetzung der zoologischen Gärten war aber bereits seit der Etablierung der Tiergartenbiologie vorbereitet worden.

Die «Verlagerung hin zu einer zooübergreifend koordinierten Nachzucht bestimmter bedrohter Tierarten» veränderte das Selbstverständnis zoologischer Gärten nachhaltig.[234] Die erfolgreiche Züchtung von Tieren aus allen Regionen der Welt wurde als Zeichen des wissenschaftlichen Fortschritts gewertet. Sie liess sich aber auch nahtlos in den von zoologischen Gärten seit dem 19. Jahrhundert praktizierten Domestizierungsprozess des Wilden einordnen.[235] Die erfolgreiche Zucht exotischer Tiere war ein weiteres Symbol für die Kontrolle über das ‹Fremde›, die von den europäischen Zoos seit deren Gründung implizit verfolgt wurde.

Zucht und Artenschutz

Durch tierschutzbedingte Restriktionen wurde der Import von Tieren aus aussereuropäischen Ländern in der Nachkriegszeit erschwert.[236] Die Zoo-Verantwortlichen, die ihre Bestände seit Jahrzehnten durch Tierfang, Handel oder Geschenke von Auslandsreisenden attraktiv hielten, mussten nun ihre Praxis überdenken und sich über andere Wege neue Zootiere beschaffen.[237] Der Zoologische Garten Basel war bereits während des Zweiten Weltkriegs, als der Tierhandel zwischenzeitlich von Übersee abgeschnitten war, gezwungen gewesen, der Züchtung mehr Aufmerksamkeit zu widmen. Dank der Erkenntnisse aus der Verhaltensforschung stellten sich in den folgenden Jahrzehnten bei vielen Tieren, die bis anhin nur sehr selten gezüchtet werden konnten, erstmals Zuchterfolge ein, und die Zoos konnten mit selbst erhaltenden Populationen zu arbeiten beginnen.[238]

Ab den 1960er-Jahren zeichnete sich eine allmählich beginnende Selbstversorgung der zoologischen Gärten durch interinstitutionell vernetzte Zuchtprogramme ab. Gleichzeitig wurden die Forderungen nach einer Kontrolle des weltweiten Handels mit bedrohten Tier- und Pflanzenarten immer lauter. 1962 beschloss der internationale Zoodirektorenverband (IUDZG), auf Wildfänge besonders bedrohter Tierarten, wie beispielsweise Orang-Utans, zu verzichten. Er reagierte mit diesem Entscheid auf die wachsende Kritik von Seiten der zunehmend für Fragen des Natur- und Tierschutzes sensibilisierten Öffentlichkeit. Rund zehn Jahre später folgte das Washingtoner Artenschutzabkommen CITES *(Convention of International Trade with Endangered Species)*, mit dem 1973 beschlossen wurde, die Tier- und Pflanzenpopulationen der Welt nachhaltig zu nutzen und zu erhalten. Für die zoologischen Gärten bedeutete dies, dass sie Tiere nur noch unter Erfüllung strenger Auflagen importieren konnten. Obschon sich zoologische Gärten auch zunehmend selbst für den Natur- und Artenschutz einsetzten und wichtige Förderer der Entwicklung hin zu einem nachhaltigen Tierhandel waren, wuchs ab den 1970er-Jahren die gesellschaftliche Kritik an der Institution Zoo.

Angegriffen wurden die zoologischen Gärten vor allem von Tierschutzverbänden, die andere Auffassungen von Tierschutz und Tierwohl hatten als die Zoo-Verantwortlichen. Zu grösseren Protestaktionen kam es allerdings nicht und auch ein Einbruch der Besucherzahlen war nicht zu verzeichnen.

Auf die Verantwortung, die zoologische Gärten für den Erhalt bedrohter Tierarten trugen, hatte Hediger bereits in seinem Buch *Wildtiere in Gefangenschaft* hingewiesen: «Das isolierte Individuum darf dem Ganzen seiner Art keinesfalls völlig verloren gehen, sondern die Art muss – besonders wenn es sich um eine selten gewordene handelt – in irgend einer Form für den Verlust entschädigt werden».[239] Hediger erkannte, dass der von zoologischen Gärten geförderte Tierfang «bei gewissen Tierarten oft ziemlich verlustreich verlaufen» konnte.[240] Er erachtete die Einzelhaltung von Zootieren deshalb nicht nur als «unbiologisch», sondern auch als «unverantwortlich»:[241] Die zoologischen Gärten konnten verstorbene, in Einzelhaltung gehaltene Tiere bislang nur durch Wildfänge ersetzen. Durch die Zucht sollten die Zootiere nicht nur ihr natürliches Verhaltensrepertoire ausleben können, sondern auch Tierfänge und eine weitere Ausbeutung der Natur verhindert werden. Es habe als «oberste Pflicht des Tiergartenbiologen zu gelten, jede sterile Isolation zu vermeiden und den durch die Gefangenschaft bedingten Eingriff an der Art in irgendeiner Form nach Möglichkeit wieder wett zu machen»,[242] war Hediger überzeugt. Mit der Zucht von Jungtieren waren die zoologischen Gärten einerseits weniger auf den Import neuer Tiere angewiesen und konnten andererseits durch Wiederansiedlungsprojekte «die sozusagen von der Natur entliehenen Individuen» zurückzugeben versuchen.[243] Die Tierbestände zoologischer Gärten entwickelten sich so allmählich zu «Reservepopulationen für die Natur».[244] Ein Beispiel für ein frühes Projekt ist die in den 1950er-Jahren lancierte Wiederansiedlung von Weissstörchen.[245] Spätestens ab den 1970er-Jahren wurde Erhaltungszucht fest in das Selbstverständnis zoologischer Gärten eingeschrieben. Zoos pflegten sich zunehmend mit der umweltpolitisch aufgeladenen Metapher der ‹Arche› zu beschreiben und gaben sich mit ihrem Engagement für den Artenschutz eine neue Existenzberechtigung.[246]

Prominenter Nachwuchs

Bereits zu Beginn der 1940er-Jahre hatte Hediger mit seiner erfolgreichen Feldhasenzucht im Tierpark Dählhölzli für Aufmerksamkeit gesorgt. Als Direktor des Zoologischen Gartens Basel versuchte er ab 1944 die in *Wildtiere in Gefangenschaft* angedachten Reformen umzusetzen und die Gehege so umzugestalten, dass den Zootieren ein Leben in sozialen Gruppen mit Fortpflanzungstätigkeit ermöglicht werden konnte. Im Zoo galt die Zucht bestimmter Tierarten bis anhin als nicht zu bewältigende Herausforderung und bei vielen Säugetieren war die Geburt von Nachwuchs oft ein eher zufälliges Erfolgserlebnis. Ab den 1950er-Jahren, als sich die konzeptuellen Neuerungen im Basler Zoo allmählich zu bewähren begannen und viele Tiergehege renoviert oder neu gebaut worden waren, stellten sich allerdings zahlreiche Zuchterfolge ein. Diese waren auf das gewachsene Interesse an tierpsychologischen Fragen und die Verbesserung der tiermedizinischen Versorgung zurückzuführen und vergrösserten ihrerseits wiederum die wissenschaftlichen Kenntnisse über die Besonderheiten und die Haltung bestimmter Tierarten.

Für weltweites Aufsehen sorgte die im internationalen Vergleich einzigartige Nachzucht von Panzernashörnern im Basler Zoo. Den Grundstein für diese Zuchterfolge war Anfang der 1950er-Jahre mit dem Import zweier Panzernashörner gelegt worden. Der mit Hediger befreundete Tierfänger Peter Ryhiner hatte 1951 das männliche Panzernashorn Gadadhar nach Basel gebracht, ein Jahr später folgte das Weibchen Joymothi. Die beiden aus Indien importierten Tiere mussten zunächst schrittweise aneinander gewöhnt werden, bevor sie gemeinsam in einem Gehege gehalten werden konnten.[247] Als erstes in Gefangenschaft geborenes Panzernashorn überhaupt machte im Jahr 1956 Rudra weltweit Furore (Abb. 20, S. 76). Im Archiv des Zoologischen Gartens Basel findet sich eine Vielzahl an Presseberichten und Gratulationsschreiben anlässlich des aussergewöhnlichen Ereignisses (Abb. 21, S. 77).[248] In den folgenden Jahrzehnten verzeichnete der Zoo weitere erfolgreiche Geburten von Panzernashörnern. Mit dem Ziel, die Zucht dieser seltenen Säugetiere voranzutreiben, wurde der Nachwuchs an andere zoologische Gärten verkauft. Es war früh bekannt, dass Panzernashörner in der freien Wildbahn vom Aussterben bedroht sind, weshalb sich Zoos mit einem zooübergreifend koordinierten Zuchtprogramm für deren Erhalt einzusetzen begannen. 1967 wurde der Basler Zoo mit der Aufgabe der internationalen Zuchtbuchführung für Panzernashörner betraut.[249] Der Zuchterfolg von 1956 steht symbolisch für die ersten Jahre der Direktionszeit Langs, in denen viele seltene Zoogeburten die Öffentlichkeit begeisterten. Die Zucht folgte damals noch keiner erkennbaren Systematik – man stand erst ganz am Anfang der sich in den folgenden Jahrzehnten etablierenden Erhaltungszuchtprogramme. In jenen Jahren ging es zunächst vor allem darum herauszufinden, welche Tiere überhaupt gezüchtet werden konnten.

Das Heranwachsen der Jungtiere wurde medial begleitet und in der Öffentlichkeitsarbeit des Zoos vermarktet. Geburten von charismatischen Säugetieren waren ein grosser Publikumsmagnet. Das wohl prominenteste Jungtier im Basler Zoo war die 1959 geborene Goma – der zweite in Gefangenschaft geborene Gorilla weltweit (Abb. 22, S. 78). Während ihres ersten Lebensjahres wuchs Goma, die von ihrer Mutter nicht gestillt wurde, im Haus von Direktor Ernst Lang auf und wurde dort von ihm und seiner Ehefrau Gertrud Lang von Hand aufgezogen.[250] Die Aufzucht des Gorillas entwickelte sich zu einer Art tierpsychologischem Experiment:[251] Das Ehepaar Lang erzog Goma ähnlich wie ein Menschenkind, das Windeln trägt, aus der Flasche trinkt, mit der Familie am Tisch sitzt, und beobachtete detailliert die Verhaltensentwicklungen des jungen Menschenaffen. Der vermenschlichende Umgang mit Goma wurde zu Beginn der 1960er-Jahre weder von den Verantwortlichen des Zoos noch von der Öffentlichkeit als problematisch empfunden, im Gegenteil: Die Öffentlichkeit zeigte sich begeistert davon, wie liebevoll der junge Affe betreut wurde, und Goma war bald stadtbekannt. Der junge Gorilla war nicht nur Liebling der Baslerinnen und Basler, sondern begeisterte Zooliebhaberinnen und -liebhaber auf der ganzen Welt.

[20] Nashornbaby Rudra mit Mutter Joymothi. Die weltweit erste Geburt eines Indischen Panzernashorns in einem Zoo markierte am 14. September 1956 für den Zoologischen Garten Basel den Auftakt einer erfolgreichen Zuchtgeschichte.

[21] Gratulationsschreiben zur Geburt des Panzernashorns Rudra vom 18. September 1956. Das Schreiben vom Zirkus Knie war an den Zoodirektor Ernst Lang gerichtet, der mit den Gebrüdern Knie seit den 1940er-Jahren aufgrund seiner Tätigkeit als Tierarzt freundschaftlich verbunden war.

Gebrüder Knie Schweizer National-Circus A.G. Rapperswil / Schweiz

Herrn
Dr. E. Lang
Zoologischer Garten

Basel

z.Zt. Genf, 18. September 1956 K/hw

Lieber Ernst,

    Wir haben uns vermutlich mit vielen anderen tausenden Lesern der Tagespresse über die Mitteilung gefreut, dass dem Zoologischen Garten, Basel ein einmaliger Erfolg zuteil wurde.

    Nachdem es ja als einzigartiges Novum in der Geschichte der Zuchterfolge in Zoologischen Gärten dasteht, dass ein indisches Nashorn-Baby in Gefangenschaft zur Welt kam, freut es uns umso mehr, dass es gerade Du bist, der dieses Plus zu verzeichnen hat.

    Mit den besten Glückwünschen geben wir der Hoffnung Ausdruck, dass sich das Jüngste des Balser-Zoo unter Deiner Pflege und Obhut gut weiter entwickeln werde, und grüssen Dich

freundlich

GEBRÜDER KNIE
Schweizer National-Circus A.G.
Die Direktion:

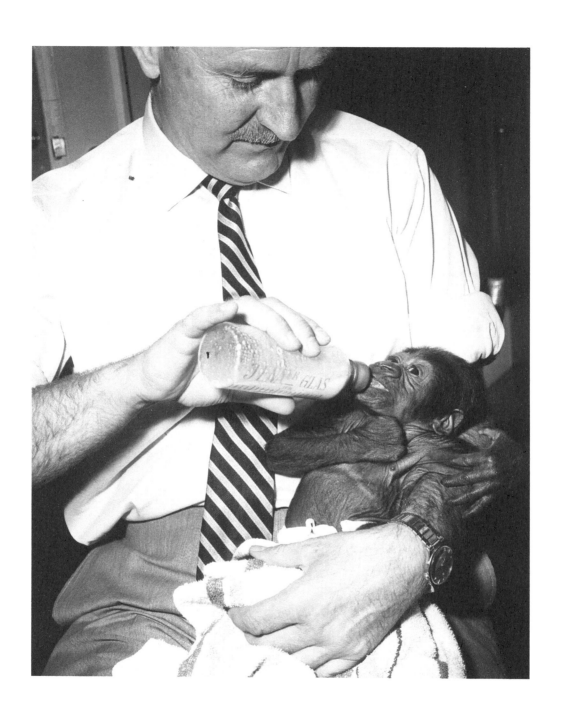

[22] Ernst Lang mit der am 23. September 1959 geborenen Goma. Der erste in Europa zur Welt gekommene Gorilla wurde im Haus des Zoodirektors von Hand aufgezogen.

[23] Der Tierpfleger Ernst Waser mit dem jungen Eisbären Luzi auf einem Spaziergang durch den Basler Zoo am 22. März 1964. Luzi war 1963 geboren und wurde wie Goma mit der Flasche aufgezogen. Paul Steinemann, damaliger technischer Zoo-Assistent, nahm den Eisbären, der von seiner Mutter vernachlässigt wurde, mit zu sich nach Hause und zog ihn gemeinsam mit seiner Ehefrau Zita von Hand auf.

Blick auf die Gegenwart: Erhaltungszucht

Der folgende Text basiert auf einem Gespräch mit Olivier Pagan, Direktor des Zoo Basel, vom 16.1.2020 und repräsentiert in erster Linie die Sicht des Zoos.

Die Zucht von Zootieren ist für den Zoologischen Garten Basel heute eng mit der Aufgabe des Artenschutzes verbunden. Der Zoo Basel ist an über vierzig Erhaltungszuchtprogrammen beteiligt, also an zoo-übergreifenden Projekten, die eine systematische Zucht von in Zoos lebenden Tierarten zum Ziel haben.[252] Die Programme basieren auf in den 1970er- und 1980er-Jahren begonnenen Koordinationsbestrebungen europäischer Zoos und werden koordiniert vom Dachverband der europäischen Zoos und Aquarien (EAZA). Einige der Erhaltungszuchtprogramme, an denen der Zoo Basel beteiligt ist, werden von ihm selbst geleitet. So befindet er sich zurzeit im Besitz der Zuchtbücher der Panzernashörner, der Zwergflusspferde, der Somali-Wildesel und der Kleinen Kudus. In den Zuchtbüchern werden die Stammbäume der einzelnen Tiere erfasst, womit die Fortpflanzung zwischen eng verwandten Paaren verhindert und die Zucht gesunder Populationen garantiert werden soll. Ziel der Erhaltungszuchtprogramme ist es, die genetische Vielfalt der Zootiere zu erhalten. Nach der Verabschiedung des Washingtoner Artenschutzabkommens (CITES) 1973, das den Handel mit gefährdeten Tier- und Pflanzenpopulationen massiv einschränkte, sahen sich die zoologischen Gärten gezwungen, immer mehr zu «Selbstversorgern»[253] zu werden. Es setzte sich die Erkenntnis durch, dass Zoos nur weiterbestehen können, wenn sie sich untereinander vernetzen.

Zusammenarbeit mit Naturschutzprojekten

Durch die Einbindung in verschiedene Zuchtprogramme beteiligt sich der Zoo Basel an der Ex-situ-Erhaltung gefährdeter Arten. Lange Zeit wurde diese separat von den in den natürlichen Lebensräumen stattfindenden In-situ-Massnahmen betrieben. Erst seit einigen Jahren werden die beiden Ansätze zusammen gedacht: Der sogenannte One Plan Approach to Conservation möchte die verschiedenen Wildtier-Populationen als Ganzes betrachten und eine Zusammenarbeit zwischen zoologischen Gärten und Naturschutzorganisationen fördern.[254] Ein Beispiel für ein vom Zoo Basel unterstütztes Naturschutzprojekt ist das im Jahr 2005 ins Leben gerufene Projekt Indian Rhino Vision 2020 im indischen Bundesstaat Assam, das die Erhaltung der Population der Panzernashörner zum Ziel hat.[255] Mit finanziellen Beiträgen unterstützt der Zoo Basel den Aufbau der Infrastruktur des Nationalparks, die Ausbildung der Ranger oder den Erhalt der Qualität des Lebensraumes. Um eine genetische Variabilität der Panzernashörner garantieren zu können, wird auch die Möglichkeit eines Austausches von Zootieren mit Tieren aus dem Nationalpark in Betracht gezogen. Laut Zoodirektor Olivier Pagan ist die Zusammenarbeit mit Naturschutzprojekten in den Habitaten der Tiere nach wie vor erst im Aufbau begriffen. Sie werde aber aufgrund der voranschreitenden Zerstörung der Lebensräume vieler Tierarten immer wichtiger und dringlicher.

Erhaltungszuchtprogramme sehen die Möglichkeit einer Wiederansiedlung von in zoologischen Gärten geborenen Wildtieren in deren natürlichen Lebensräumen vor. Entscheidungen hinsichtlich der Auswilderung von bestimmten Tierarten in natürlichen Habitaten obliegen allerdings nicht den Zoos, sondern der Weltnaturschutz-Organisation (IUCN). Der Zoo Basel war bereits in den 1980er-Jahren an einem Wiederansiedlungsprojekt von Löwenaffen in Brasilien beteiligt.[256] Pagan steht der aktuellen Tendenz, die Existenz von zoologischen Gärten alleine mit der Idee der Wiederansiedlung zu legitimieren, kritisch gegenüber. Durch das spezifische Fachwissen und die wissenschaftliche Koordination der Zucht von Wildtieren leisten Zoos seiner Ansicht nach auch dann einen wichtigen Beitrag zum Artenschutz, wenn die gezüchteten Tiere nicht wiederangesiedelt werden. Mit dem Erhalt einer gesunden Zoopopulation werde garantiert, dass die Zootiere Botschafter für ihre Artgenossen in der Natur sind und der Zoo seinen Bildungsauftrag erfüllen und auf die Bedrohung der natürlichen Lebensräume aufmerksam machen kann.

Nachwuchs mit Jö-Effekt

Der Schutz bedrohter Tierarten sei nicht der einzige Grund, weshalb zoologische Gärten an einer erfolgreichen Zucht ihrer Zootiere interessiert seien: Jungtiere seien ein wichtiger Bestandteil einer gesunden Zoopopulation, meint Pagan. Wolle der Zoo Basel eine tiergerechte Haltung garantieren, so müsse man den Tieren ermöglichen, sich fortzupflanzen. Werbungs- und Brunstverhalten, Partnerwahl und Paarung, Trächtigkeit, Geburtsvorbereitung oder Nestbau, Geburt und Aufzucht würden zu den natürlichen Verhaltensweisen der Fortpflanzung gehören. Ein wissenschaftlich geführter zoologischer Garten müsse versuchen, diesen Bedürfnissen gerecht zu werden. In den 1950er- und 1960er-Jahren, als sich im Basler Zoo vermehrt Zuchterfolge einstellten, war man der Überzeugung, die Geburt von Nachwuchs sei ein Indiz für das Wohlergehen der Tiere.[257] Heutzutage sei man vielmehr der Ansicht, dass die Zootiere Nachwuchs gebären sollen, damit es ihnen gut geht und ihre Basisbedürfnisse gedeckt sind. Pagan betont, dass man als Tierhalterin oder Tierhalter seinen Tieren ermöglichen müsse, Nachwuchs zu haben, ungeachtet dessen, ob die Jungtiere die Besucherinnen und Besucher interessieren oder nicht. Schliesslich würden sich zwar beispielsweise viele Menschen für junge Löwen begeistern, aber kaum jemand interessiere sich für einen frisch geschlüpften Salamander. Selbstverständlich profitiere ein zoologischer Garten auch davon, wenn Tierkinder viel Publikum anlocken, sagt Pagan weiter. Tiergruppen mit Jungtieren seien nun mal besonders lebendig und weckten bei den Besucherinnen und Besuchern zahlreiche positive Emotionen, die für den Erfolg eines zoologischen Gartens unabdingbar seien.

Die Anerkennung von Fortpflanzung und Aufzucht als Basisbedürfnisse der Tiere bedeutet für den Zoo Basel, dass er seinen Tieren nur selten Verhütungsmittel wie Antibabypillen oder Hormonimplantate verabreicht.[258] Dies hat zur Folge, dass es manchmal mehr Nachwuchs gibt, als Platz zur Verfügung steht. Im Gegensatz zu den 1950er- und 1960er-Jahren, als die Geburt von Nachwuchs bei gewissen Tierarten noch einer Sensation gleichkam, verzeichnet der Zoo heute regelmässig Zuchterfolge. Da im geschützten Umfeld eines Zoos die regulierenden Faktoren der freien Wildbahn fehlen, die Tiere also weder Feinde vermeiden, noch auf Nahrung verzichten müssen und bei allfälligen Krankheiten medizinische Betreuung geniessen, überlebt die grosse Mehrheit der neugeborenen Zootiere. Werden die Tiere grösser, müssen sie oft an andere zoologische Gärten weitergegeben werden. Wenn für die Tiere kein geeigneter Platz gefunden werden kann, kommt es bisweilen vor, dass sie zur Regulierung des Bestandes getötet werden müssen.

Keine Handaufzucht mehr

Um ein Jungtier nicht zu verlieren, nahmen es Tierpflegerinnen und Tierpfleger früher, als Zuchterfolge oft noch an einem seidenen Faden hingen, viel rascher als heute von der Mutter weg, um es von Hand aufzuziehen. Wenn der Eindruck bestand, die Mutter sei nicht fähig, selbst für ihren Nachwuchs zu sorgen, fütterte das Zoopersonal das Jungtier mit der Flasche oder nahm es zum Teil sogar mit nach Hause. Der Gorilla Goma oder der Eisbär Luzi sind prominente Beispiele für von Menschenhand aufgezogene Jungtiere aus dem Basler Zoo (Abb. 22 und 23, S. 78 und 79). 1959, als Goma als erster Gorilla in einem europäischen Zoo geboren wurde, wusste man noch nicht, dass Gorillamütter ihre Jungen erst nach dem zweiten, dritten oder sogar vierten Tag zu stillen beginnen.[259] Um zu verhindern, dass dem Zoo diese Aufsehen erregende Sensationsgeburt gleich wieder wegstirbt, wurde Goma ihrer Mutter weggenommen und im Haus des Zoodirektors Ernst Lang von Hand aufgezogen.

Inzwischen weiss man, dass eine Handaufzucht von Wildtieren viele Nachteile und Gefahren mit sich bringen kann: Werden Wildtiere von Hand aufgezogen, so fehlen ihnen gewisse natürliche Verhaltensmodi. Sie zeigen zum Beispiel ein gestörtes Fortpflanzungsverhalten oder haben Mühe bei der Aufzucht ihrer eigenen Jungtiere.[260] Aufgrund der späteren Benachteiligung entscheide man sich im Zoo Basel heute in den meisten Fällen gegen eine Handaufzucht und bemühe sich, den Tieren eine natürliche Aufzucht zu ermöglichen, sagt Pagan. Auch bei komplizierten Fällen sollen die Tiermütter ihren Nachwuchs selber betreuen können. Bei einer überforderten erstgebärenden Mutter sei eine unterstützende Aufzucht gemeinsam mit der Mutter denkbar, zum Beispiel, indem dem Jungtier zusätzliche Milch gegeben werde, ohne es aber von seinen Artgenossen zu trennen. Auf diese Art und Weise bleibe ein Aufwachsen im normalen sozialen Umfeld des Tieres meistens trotzdem möglich.

Artenschutz stellt einen wichtigen Bestandteil des heutigen Selbstverständnisses des Basler Zoos dar und ist eng mit der Praxis der Zucht verbunden. Trotz der grossen Bedeutung, die der Erhaltungszucht für den Zoobetrieb zukommt, wissen die Zoobesucherinnen und -besucher verhältnismässig wenig über die Zuchtprogramme, an denen der Zoo Basel beteiligt ist. Bezüglich der Vermittlung der Relevanz der Erhaltungszuchtprogramme und deren Bedeutung für den Artenschutz besteht im Basler Zoo durchaus noch Entwicklungspotential. Dies insbesondere deshalb, da Jungtiere auch im 21. Jahrhundert besonders viel Publikum in den Zoo locken. Die Faszination für Tierkinder, deren Vermarktung das Publikum zu Zoobesuchen animiert, bleibt ungebrochen. Im Gegensatz zur Nachkriegszeit, als Zuchterfolge als ein Beweis für das Wohlergehen der Tiere aufgefasst wurden, ist man im Zoo heute der Ansicht, dass eine tiergerechte Haltung erst durch die Ermöglichung von Fortpflanzung und Aufzucht von Jungtieren gewährt werden kann.

Mit ihrer Beteiligung an Zuchtprogrammen tragen zoologische Gärten auch eine tierethische Verantwortung. Von Teilen der Öffentlichkeit wird kritisch betrachtet, dass immer mal wieder junge Zootiere, die aus verschiedenen Gründen nicht in die Zuchtprogramme passen, für den Erhalt einer genetischen Variabilität getötet werden müssen.[261] Die Tötung ‹überzähliger› Zootiere wirft grundsätzliche tierethische Fragen auf: Wer entscheidet aufgrund welcher Basis, wann ein Tier als ‹überzählig› gilt und getötet werden kann? Legitimiert das Recht auf Fortpflanzung als ein essentielles Bedürfnis für eine natürliche Verhaltensweise die Tötung von Jungtieren, für die es im Zoo keinen Platz hat?[262] Und steht der Schutz der Art über dem Schutz eines einzelnen Tieres, das für ein Zuchtprogramm unbrauchbar ist?[263]

Zooarchitektur für Mensch und Tier

Ab 1944 herrschte im Zoologischen Garten Basel nicht nur bei der Tierhaltung ein neuer Anspruch auf Wissenschaftlichkeit, das neue Selbstverständnis widerspiegelte sich auch in der Bauweise der Tiergehege. Die neue Generation von Zoobauten sollte nicht länger den «Schauwert» der Tiere ins Zentrum stellen, sondern ‹authentische› Verhaltensweisen, die dank der «Biologisierung»[264] der Lebensräume für das Publikum beobachtbar wurden. Der Verwaltungsrat und die Direktion planten eine umfassende «Gartensanierung»[265], also eine von den Erkenntnissen der tierpsychologischen und veterinärmedizinischen Forschung beeinflusste Renovation des gesamten zoologischen Gartens. Aufgrund von Geld- und Materialknappheit mussten grössere Bauvorhaben in den 1940er-Jahren allerdings noch vertagt werden und man musste sich zunächst mit kleinen Reparaturarbeiten und der Umgestaltung bereits bestehender Gehege begnügen.[266] Die Anlagen wurden als Übergangslösung so umgebaut, dass eine Gemeinschaftshaltung der Tiere möglich wurde. In seinem architektonischen Erscheinungsbild entfernte sich der Basler Zoo zunehmend von einer nach enzyklopädischen Kriterien organisierten Präsentation der Tiere.[267]

Das ‹Raumproblem›

In seiner Theorie der Tiergartenbiologie begegnete Hediger der Frage nach dem optimalen Lebensraum für Zootiere mit dem Konzept des ‹Territoriums›.[268] Im Gegensatz zu Konrad Lorenz oder Otto Antonius sah er im Gehege mehr als nur einen Ersatz für den natürlichen Lebensraum der Wildtiere.[269] Er war davon überzeugt, dass die Tiere zu ihrem Gehege im Zoo eine «gleichwertige Beziehung»[270] aufbauen konnten wie zu ihrem Territorium in der Wildnis. Dies immer unter der Voraussetzung, dass lebenswichtige Aktivitäten wie Futteraufnahme, Schlafen, Ruhen, Sonnenbaden, Fortpflanzung, Brutpflege oder Spielen nicht unterbunden oder fehlgeleitet wurden. Solange ein Gehege alle diese Haltungsfaktoren gewährte, bestand gemäss Hediger nicht die Gefahr, dass die Verhaltensweisen der Tiere im Zoo verkümmern. Das von Hediger herangezogene «Prinzip der Territorialität» hatte seinen Ursprung in der anglo-amerikanischen Ornithologie und war in den 1930er-Jahren in die Verhaltensforschung eingegangen.[271] Mithilfe dieses Prinzips versuchte Hediger das

Argument zu widerlegen, die gefangenen Tiere könnten aufgrund ihres «Freiheitsbedürfnisses»[272] im Zoo kein dem Dasein in der Wildnis gleichwertiges Leben führen. Er war davon überzeugt, dass auch die wilden Tiere keine absolute Freiheit kennen, sondern sich stets in begrenzten Territorien bewegen.[273] Auch in ihrem Verhalten gegenüber anderen Tieren seien die Wildtiere durch den «ständigen Zwang der Feindvermeidung sowie täglicher Futter- und Wassersuche» nicht frei,[274] sondern eingespannt in eine unerbittliche Sozialhierarchie. Mit der Verknüpfung der Konzepte von Raum und Freiheit wollte Hediger die Haltung von Wildtieren nicht nur auf eine wissenschaftliche Basis stellen, sondern grundsätzlich zu legitimieren versuchen. Die «fatal[e] Beurteilung des Raumproblems»[275] war für ihn der Hauptgrund für die kritische Bewertung der Gefangenhaltung von Zootieren. Er plädierte dafür, sich von jeglicher «anthropozentrischer Befangenheit» zu lösen und anzuerkennen, dass den Tieren auch in der freien Wildbahn nur begrenzte Territorien zur Verfügung stehen: «[D]ie anthropomorphistischen Vorstellungen vom ‹freilebenden› Tier müssen endlich biologischen Tatsachen weichen»,[276] heisst es in *Wildtiere in Gefangenschaft*. In der Debatte rund um die Gestaltung der Lebensräume von Zootieren erachtete Hediger den Aspekt der Raumqualität für wichtiger als die zur Verfügung stehenden Platzverhältnisse.[277] Er war der Ansicht, dass «der qualitativen Ausgestaltung des tierlichen Wohnraumes in Gefangenschaft» bisher zu wenig Aufmerksamkeit geschenkt worden war.[278] Nicht die «gegenüber dem Freileben verminderte Bewegungsfreiheit des gefangenen Tieres» sollte als entscheidendes Merkmal für die Gestaltung eines Geheges gelten,[279] sondern die bedürfnisgerechte Ausstattung des Lebensraumes.

Die Grösse der Gehege wurde aufgrund der Fluchtdistanz der betroffenen Tiere ermittelt und konnte je nach Tierart, Gegend und Umständen variieren. Zähmung wurde als Möglichkeit angesehen, die Fluchtdistanz zu verringern oder ganz aufzuheben.[280] Die Theorie der Territorien war für Hediger eng verknüpft mit dem Prozess der Domestizierung:

> «Da in der Praxis aber die Käfigdimensionen der Fluchtdistanz des wildlebenden Tieres nicht angepasst werden können, so bleibt nur noch die andere Lösung möglich: umgekehrt die Fluchtdistanz dem Käfig anzupassen. Es gilt, die Fluchttendenz des Tieres aufzuheben, seine Fluchtdistanz auf Null zu reduzieren; das ist möglich durch den Prozess der Zähmung […].»[281]

Da im zoologischen Garten die Lebensbedingungen der freien Wildbahn nicht eins zu eins nachgeahmt werden konnten, musste das Tier durch Zähmung an den Menschen gewöhnt werden. Zudem mussten für das gezähmte Tier neue Beschäftigungsmöglichkeiten geschaffen werden, indem beispielsweise dessen Erkundungs- und Lernfähigkeit angeregt wurden.[282] Mit Hedigers Tiergartenbiologie erlebte die Domestikationsforschung einen markanten Aufschwung.

Bauprojekte

Der Verwaltungsrat des Zoologischen Gartens Basel beauftragte Hediger nach dessen Amtsantritt damit, ein Gesamtprojekt zur Um- und Neugestaltung des Zoos im Sinne der Tiergartenbiologie zu entwerfen.[283] In der Generalversammlung vom Juni 1945 gab Geigy bekannt, dass der neue Direktor «aufgefordert worden sei, da er ja nun den Garten sozusagen mit neuen Augen sehe, ohne Rücksicht auf Kosten eine ‹Fata Morgana›, eine bauliche Zukunftsplanung zu formulieren».[284] Gemeinsam mit Baufachleuten arbeitete Hediger bis 1949 an diesem «Idealprojekt»[285], um es der Basler Öffentlichkeit schliesslich anlässlich der Jubiläumsfeierlichkeiten in Form eines vom Stadtplanbüro erstellten Schaumodells vorzustellen. Das Projekt wurde nach Sicherstellung der staatlichen und privaten finanziellen Unterstützung in Zusammenarbeit mit dem Basler Architekten Willi Kehlstadt fertig skizziert (Abb. 24, S. 94/95). Es beinhaltete unter anderem den Umbau des Antilopenhauses sowie den Bau einer neuen Elefantenanlage und eines neuen Raubtierhauses inklusive einer Manege. Ebenfalls angedacht waren neue Tierhäuser für die Nashörner und die Menschenaffen sowie der Bau eines neuen Aquariums und Terrariums. Beim Seelöwengehege sollte zudem eine Zuschauerrampe errichtet werden. Ausserdem sollte ein neues Betriebsgebäude entstehen sowie ein zweiter Eingang am Dorenbachviadukt.[286] Im Sinne einer «fortschreitende[n] Verbesserung der Tierhaltung» hatten nach und nach alle «menagerieartigen Gitterkäfig[e] und engen Tierhäuschen […] biologisch zweckmässigen und grosszügigen Anlagen» zu weichen.[287] Im Jahr 1951 verzeichnete der Basler Zoo erstmals seit vielen Jahren der Stagnation wieder eine rege Bautätigkeit.[288] Die 1944 lancierte wissenschaftliche Neukonzeption des Zoos wurde nun auch in dessen architektonischem Erscheinungsbild sichtbar. Die Bautätigkeit des Zoos war mit einem Prestigegedanken verbunden: «Der Zoologische Garten Basel, eines der wichtigsten stadtpropagandistischen Mittel, darf nicht stehen bleiben, sondern muss weiter entwickelt werden. [Er] soll seine Einrichtungen so gestalten, dass sie […] den modernen Grundsätzen der Tierhaltung entsprechen […]»,[289] hiess es im Sitzungsprotokoll des Verwaltungsrats vom 28. Dezember 1945.

Die Fokussierung auf visuelle Gesichtspunkte war typisch für den von intellektuellen Debatten der Wissenschaft und ästhetischen Debatten der Architektur beeinflussten Modernisierungsprozess, den die europäische Zoolandschaft in der zweiten Hälfte des 20. Jahrhunderts durchlief.[290] Im Baustil zoologischer Gärten dominierten inzwischen klare und einfache Formen ohne historische Referenzen und Ornamente, und die für die Zooarchitektur des 19. Jahrhunderts typischen exotisierenden Motive waren zunehmend verpönt.[291] Hediger äusserte sich 1949 abschätzig über das einst als Schmuckstück geltende alte Elefantenhaus im Basler Zoo:

> «Abbruchreif ist aber auch das 1891 entstandene, im byzantinisch-maurischen Stil gehaltene Elefantenhaus, das seinerzeit als ein wahrer Tierpalast galt. Heute wird jedoch auf eine hygienische und zweckmässige Haltung der Tiere in gut belüfteten und belichteten Räumen mehr Wert gelegt als auf vergoldete Halbmonde und leinwandüberzogene Moscheekuppeln, wie sie dieser altertümliche Bau aufweist.»[292]

Mit den ab den 1950er-Jahren entstehenden Bauten liess man im Basler Zoo Orientalismus und Historismus hinter sich.[293] Neu setzte man auf die Inszenierung einer funktionalistischen Architektur, welche die Zootiere «auf sachlich gestalteten Bühnen präsentiert[e], die keinerlei historische, kulturelle oder natürliche Bezüge» aufwiesen (Abb. 25, S. 96).[294]

Das Raubtierhaus von 1956

Das 1956 von den Basler Architekten Max Rasser und Tibère Vadi gebaute Raubtierhaus, das von den Basler Nachrichten als «ein Musterbeispiel moderner Tierhaltung» bezeichnet wurde,[295] steht exemplarisch für die neue Architektur im Basler Zoo (Abb. 26, S. 97). «Noch selten hatte im Zoologischen Garten ein Ereignis so stark das Interesse der breiten Oeffentlichkeit auf sich gezogen wie die Eröffnung des neuen Raubtierhauses […]»,[296] hiess es in einer Zolli-Mitteilung aus dem Jahr 1956. Der Neubau überzeugte mit «einfache[n] Formen und [einer] zweckmässige[n] Ausführung»,[297] schrieb das Basler Volksblatt. Auch die Luzerner Zeitschrift Heim und Leben berichtete begeistert von dem Raubtierhaus – «eine der modernsten Anlagen ihrer Art»:[298]

> «Bei der Planung der neuen Basler Raubtierwohnungen wurden nun aber alle tiergärtnerischen Erfahrungen der letzten Jahre berücksichtigt. […] Die Innenräume sind mit hygienischen Holzböden ausgestattet, die von unten her beheizt werden, und die geräumigen, mit leichten und weitmaschigen Gittern versehenen Ausläufe sind mit natürlichem Mergelboden belegt. Hier können sich die Tiere ausgiebig an die Sonne legen oder dem Regen aussetzen und im Winter im Schnee austoben, denn es ist nicht geplant, sie in stark geheizten Räumen zu verwöhnen, wie das früher oft geschah.»[299]

Neben temperierten Holzböden und Klimatisierungs- und Entlüftungsanlagen wurden im neuen Raubtierhaus auch separate Wurfzellen eingebaut.[300] Die zahlreichen Zuchterfolge zeugten vom Erfolg dieser Massnahme. In früheren Jahrzehnten war es im Zoologischen Garten Basel nur selten gelungen, Grosskatzen zur Fortpflanzung zu bringen. Der Nachwuchs bei den Tigern, Löwen und Leoparden schien nun den Beweis für den Erfolg der Konstruktion des Raubtierhauses nach neusten tiergartenbiologischen Erkenntnissen zu liefern.[301] Auch im Sitzungsprotokoll der Generalversammlung vom 17. Mai 1956 hiess es: «Vielverheissende Zuchterfolge erhärten, dass sich die Bauweise günstig auf die Tierhaltung auswirkt.»[302] In der Planung weiterer Tierhäuser wollte man künftig auf diese positiven Erfahrungen zurückgreifen.

Neuerdings konnten die Zoobesucherinnen und -besucher den jungen Tigern beim Baden im Bassin der Aussenanlage des neuen Raubtierhauses zuschauen. Bis anhin war man davon ausgegangen, dass alle Katzen wasserscheu seien, betonte die Zooleitung in einer Mitteilung.[303] Mithilfe der Zooarchitektur konnte die Wahrnehmung des Publikums gelenkt und neues Tierwissen vermittelt werden. Die Bauweise des Raubtierhauses ermöglichte es den Besucherinnen und Besuchern, die Tiere in ihrer ‹authentischen› Lebensweise zu beobachten. So konnte das Publikum nun auch miterleben, «wie liebevoll die Raubtiermutter ihre Sprösslinge erzieht, und welch vorbildliches Familienleben diese Tiere haben».[304] Mit dem Vergleich von Tigermutter und menschlicher Mutter bediente das Zolli-Bulletin den für die 1950er-Jahre typischen Topos des idealen Familienlebens. Mit der Betonung der Ähnlichkeit zwischen den Menschen- und Tierfamilien wurde ein emotionaler Bezug zu den Tieren hergestellt. Diese wurden zunehmend nicht mehr nur als ‹das Exotische›, sondern auch als ‹das Eigene› erkannt.

Freie Sicht auf das Tier

Nicht nur die Zoo-Fachleute, sondern auch die Besucherinnen und Besucher hatten eine bestimmte Vorstellung von der Umgebung, in der die Tiere im Zoo präsentiert werden sollten.[305] Im Zoologischen Garten Basel zeigte man sich bemüht, auf die Erwartungen des Publikums an die Präsentationsformen einzugehen. Zooarchitektur war immer auch ein «Projektionsraum von Wunschvorstellungen in Bezug auf das Wilde und Fremde in der entsprechenden Zeit».[306] Die Basler ‹Zolli-Erneuerung› war deshalb neben wissenschaftlichen auch von ästhetischen Kriterien geprägt und versuchte sich den neuen Sehgewohnheiten der Gesellschaft anzupassen, diese aber gleichzeitig auch zu lenken.[307] Im 20. Jahrhundert wünschte sich das Zoopublikum weitläufige und naturnahe Freianlagen, in denen die Zootiere wie in Hagenbecks Tiergarten in Hamburg in scheinbar authentischen Lebensräumen präsentiert wurden. Die Besucherinnen und Besucher wollten keine wilden, in Käfige eingesperrten Bestien mehr sehen, sondern glückliche, in einer Art «Zoo-Reservat» lebende Tiere, denen eine «fast natürliche Freiheit» gewährt wurde.[308]

Das neue Raubtierhaus stellte in dieser Hinsicht noch einen Kompromiss «zwischen Ideal und Wirklichkeit»[309] dar. Der Basler Zoo konnte sich in den 1950er-Jahren «ganze Rudel» an Raubkatzen «einfach nicht leisten»,[310] war aber davon überzeugt, dass durch Gräben vom Publikum getrennte Tiere nur in Gruppen wirklich zur Geltung kommen. Aus diesem Grund sah der Zoo beim Bau des neuen Raubtierhauses von der Verwendung solcher Gräben ab und präsentierte die Raubkatzen in mit Gittern vom Publikum getrennten Gehegen. Die schweren Eisenstäbe des alten Raubtierhauses wurden allerdings durch feinmaschige Drahtzäune ersetzt und die Aussengehege waren um einiges weitläufiger als bis anhin. Die National-Zeitung bezog sich in ihrer Berichterstattung über das neue Raubtierhaus explizit auf die Gehege-Gestaltung im Sinne Hagenbecks: «War an Hagenbecksche Freianlagen grossen Stils nicht zu denken, so wollte man doch dem Tier einen möglichst natürlichen Lebensraum geben.»[311] Was beim Raubtierhaus aufgrund fehlender finanzieller Mittel noch nicht realisierbar gewesen war, wurde 1959 mit dem Bau der neuen Anlage für Panzernashörner und der gleichzeitigen, grossflächigen Umgestaltung des Sautergartens erstmals konsequent umgesetzt (Abb. 27, S. 98/99). Die Gestaltung des Nashorngeheges erlaubte eine neue Perspektive auf die Tiere: «Bald schweift nun das Auge über weite gitterlose Anlagen bis zum grossen Felsen, dessen feindrahtige Abschrankung nicht mehr auffallen kann. Die mächtigen Panzernashörner stehen in einer ihrer Wichtigkeit gemässen Umrahmung»,[312] lobte Lang.

«Die schweren, dicken Gitter, die der Direktion schon lange ein Dorn im Auge waren»,[313] verschwanden nun nach und nach aus dem Zoologischen Garten Basel: Teile des Antilopenhauses wurden «durch eine anmutige Freianlage mit Wassergraben» ersetzt,[314] und beim Beobachten der Zwergflusspferde hatte das Publikum neuerdings das Gefühl, die Tiere «würden in völliger Freiheit leben, derart raffiniert [war das] Gehege gestaltet».[315] Die «modernen Freigehege ohne Gitter», bei denen die Tiere nur durch einen Graben von den Besucherinnen und Besuchern getrennt waren, bewährten sich gemäss der Basellandschaftlichen Zeitung «glänzend».[316] Die Presse feierte Ende der 1950er-Jahre die bereits während der Direktionszeit Hedigers lancierte architektonische Umgestaltung des Basler Zoos als vollen Erfolg.

Der Zoo als Garten

Bei der Neugestaltung des Zoologischen Gartens Basel sollten nicht nur die einzelnen Gehege, sondern auch die Parkanlage als Ganzes in den Blick genommen werden. Im Basler Zoo setzte sich im Verlauf der 1950er-Jahre eine neue, «ganzheitliche Auffassung von Zoolandschaft» durch, in der die Bereiche der Tiere, der Menschen und der Flora eine Einheit bilden sollten. Man suchte keine «isolierten Lösungen mehr»,[317] sondern verfolgte ein Konzept, das die Tierhäuser, die Gehege und die Parkanlage gemeinsam in den Blick nahm. Der Zoo beauftragte 1953 den Bildhauer und Landschaftsarchitekten Kurt Brägger mit der Gestaltung der Gartenanlage. Als freier Mitarbeiter beteiligte sich Brägger fortan am grossflächigen Umbau des zoologischen Gartens. Ab 1961 war er auch für die Eingliederung des neu erworbenen Gebiets des Nachtigallenwäldchens in den Zoo verantwortlich. Brägger verfolgte in seiner landschaftsgärtnerischen Arbeit einen ganzheitlichen Ansatz:

> «Vor allem gilt es, Publikum, Gehege und eigentliche Gartenanlage richtig ineinandergreifen zu lassen und sie in möglichst innige Übereinstimmung zu bringen; nicht nur das einzelne Gehege, sondern den ganzen Garten. Die Absicht der Gestaltung soll gleichmässig durch alle Teile des Gartens spürbar sein, und der Besucher soll diesen als etwas Einheitliches, Ganzes erleben können. Er darf nicht wie in einer Ausstellung an einer Ansammlung verschiedener aneinandergereihter Gehege und Anlagen vorbeikommen. Durch den Zusammenklang von Tier und Garten soll in ihm eine «Gestimmtheit» erzeugt werden, in der er sich wie durch Zauberei in die Welt der Tiere versetzt fühlt und mit Lust diese Bereiche durchwandert.»[318]

Für Brägger stellten Gitter, Mauern, Wege und Tierhäuser genauso wie Skulpturen und Blumenbeete unerwünschte Ablenkungen von der Beobachtung der Tiere dar. Er versuchte diese deshalb entweder aus dem Zoo verschwinden zu lassen oder harmonisch in die Parklandschaft zu integrieren. Das Publikum sollte das Zootier nicht mehr als ein «isoliertes Ausstellungsobjekt»[319] sehen, sondern eingebettet in einen «landschaftlichen Rahmen» erleben können. Wenn immer möglich wurden zu diesem Zweck die Gitter durch Gräben ersetzt oder von Pflanzen überdeckt. Mit Brägger setzte sich in Basel das «Konzept der Immersion»[320] durch, das die zoologischen Gärten in der zweiten Hälfte des 20. Jahrhunderts weltweit prägte. Mit dem Konzept wurde versucht, Mensch und Natur im Zoo als ein synthetisches Ganzes zusammenzufassen. Der Zoo entwickelte sich zu einer «gärtnerisch durchdachte[n] und gestaltete[n] Anlage, in der man zwischen Pflanzen hindurch und mitten unter Pflanzen Tiere beobachten» konnte,[321] wie es im Basler Volksblatt hiess.

Da gemäss Brägger die gewünschte einheitliche Wirkung nur mit einheimischer Flora erzielt werden konnte, wurden die Gehege und die Gartenanlage des Basler Zoos im Gegensatz zu anderen zoologischen Gärten nicht mit exotischen Pflanzen dekoriert. Man schenkte dem «pflanzlichen Dekor» dank Brägger zwar mehr Aufmerksamkeit als früher, sah aber davon ab, «die jeweils entsprechende geobotanische Wirklichkeit einer Landschaft und ihrer Vegetation nachzuahmen».[322] Die botanische Ausstattung der Gehege entsprach nicht den Lebensräumen der Tiere. Diese wurden vielmehr in einer Naturwelt inszeniert, die kaum etwas mit deren natürlichen Habitaten gemein hatte. Aus Gründen der Ästhetik kam man im Basler Zoo bei der Bepflanzung der Gehege vom Prinzip der «Authentizität des Lebensraumes»[323] ab.

Künstlicher Naturraum in der Stadt

Der Zoologische Garten Basel definierte sich auch nach der Direktionszeit Hedigers als eine «Oase für Tier und Mensch»[324] im urbanen Raum. 1960 beschrieb Direktor Lang den Zoo als «vielbesuchte Stätte der Ruhe und der Erholung»,[325] wo den Besucherinnen und Besuchern durch die Begegnung mit der Natur eine Möglichkeit der Regeneration geboten werden sollte. Der zoologische Garten sollte der Stadtbevölkerung «ein Reservat lebender Natur inmitten toter Pflastersteine, rauchender Kaminschlote und lärmender Vehikel» sein.[326] Durch die Gestaltung der Vegetation versuchte Brägger, die Stadt optisch aus dem Zoo auszugrenzen und dem Publikum ein ungestörtes Tiererlebnis zu ermöglichen.[327] Trotz seines Anspruchs, die Tier- und Pflanzenwelt zu repräsentieren, blieb der Zoo letztlich eine kulturelle Institution und die von Brägger gestaltete Parklandschaft stellte lediglich eine illusionistische Imitation der Natur dar.[328] Mit seinem «hybriden Charakter»[329] reflektierte der Zoo das Zusammenspiel von Mensch und Tier und handelte die Grenzen zwischen dem Raum der Natur und jenem der Kultur permanent neu aus. Die beiden sich wechselseitig durchdringenden Kategorien der Natur und Kultur standen dabei in einem produktiven Spannungsverhältnis. Der mit der Stadt verwachsene zoologische Garten ist immer auch aus «der Perspektive des urbanen Kosmos» zu denken,[330] für dessen Verständnis er eine Schlüsselstelle einnehmen kann. Das seinem natürlichen Lebensraum entrissene Zootier agiert dabei als Medium zwischen den beiden scheinbar gegensätzlichen Bereichen der Natur und des Urbanen.

Indem er alle menschlichen Einflüsse möglichst unsichtbar machte, versuchte Brägger mit der Gartengestaltung im Basler Zoo die Vorstellung einer unberührten Natur umzusetzen. Er wollte «alles Anlagemässige mit Blumenrabatten, maschinengemähtem Rasen und anderen Relikten des architektonischen Gartens» aus dem Zoo verbannen. Die Bemühungen, die diesen «Erlebnisraum»[331] zustande brachten, sollten den Besucherinnen und Besuchern aber verborgen bleiben. Bräggers Skizzen veranschaulichen, wie durchdacht die von ihm gestaltete Parklandschaft und die Anordnung der Gehege, Wege und Pflanzenbestände tatsächlich waren (Abb. 28, S. 100). Mit den landschaftsgärtnerischen Massnahmen wurde der Blick der Besucherinnen und Besucher gelenkt und diesen vorgegeben, wie sie die Tierwelt im Zoo zu imaginieren hatten. Alle Spuren von Künstlichkeit wurden verschleiert, so dass dem Publikum die menschliche Herrschaft über die Natur verborgen blieb.[332] Die von Menschen gemachte räumliche Anordnung beeinflusste die Wahrnehmung der Tiere:

> «Das Angenehme, von einem beschatteten Weg aus das in vollem Licht liegende Gehege mit seinen Bewohnern zu betrachten, wird bewusst überall, wo es angeht, als ein formales Mittel eingesetzt, die grossen Besucher-

massen in ihrer bunten und aufdringlichen Wirkung dem Tier gegenüber zurückzubinden und den vom Tier bewohnten Raum durch den Gegensatz von Licht und Schatten zu steigern und zu verdeutlichen.»[333]

Es wird deutlich, dass zoologische Gärten auch als «Orte der Disziplinierung und Kontrolle»[334] begriffen werden können, welche mit der normativen Ausstattung des Raumes die Geltung bestimmter Wertordnungen befördern sollen. Mit der Anordnung der Tiere untereinander und deren Anordnung im Verhältnis zur Landschaft und zum Zoopublikum wurde auch im Basler Zoo ein spezifisches Wissen ausgestellt. Mit der Wegführung, der Beschilderung, der Bepflanzung, der Architektur von Gehegen und Tierhäusern forderte der Basler Zoo seinem Publikum eine bestimmte Art der Wahrnehmung ab. Indem er eine künstliche Begegnung mit den Tieren ermöglichte, behandelte er seine Besucherinnen und Besucher als Teil eines inszenierten Erlebnisses, das die Beziehung zwischen Mensch und Tier beziehungsweise Mensch und Natur ins Zentrum stellte.[335] Die räumlichen Gestaltungspraktiken waren «materielle Manifestationen bestimmter […] zeitgenössischer Handlungspraktiken und Wissensbestände».[336] In der Organisation des Raumes manifestierte sich auch ein Autoritätsverhältnis zwischen Expertenwissen und öffentlichem Wissen: Dem Zoopublikum wurde eine von Fachpersonen hergestellte Ordnung der Tier- und Pflanzenwelt präsentiert, die den Zoobesuch strukturierte und zu einem pädagogischen Ereignis machte.[337] Die Gestaltung der Tierhäuser, Gehege und der Gartenanlage war Teil des erzieherischen Programms des Zoos.

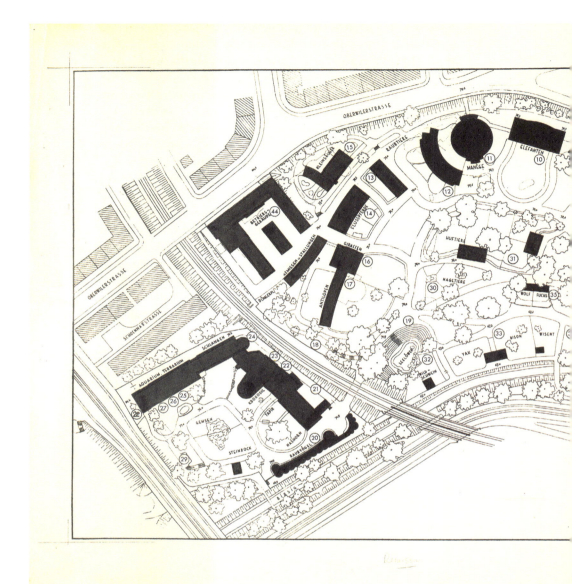

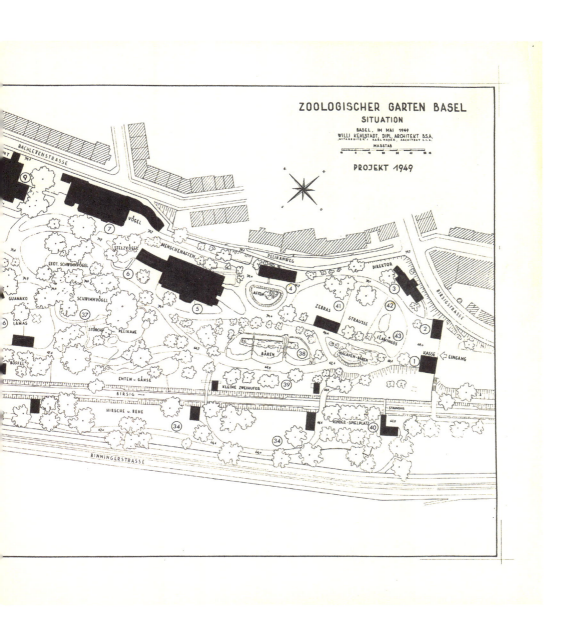

[24] Vom Basler Architekten Willi Kehlstadt erstellte Projektskizze aus dem Jahr 1949. Das anlässlich des 75-jährigen Jubiläums des Zoologischen Gartens Basel präsentierte «Idealprojekt» beinhaltete unter anderem neue Tierhäuser für Nashörner und Menschenaffen sowie eine neue Elefantenanlage und ein neues Raubtierhaus inklusive Manege.

[25] Aussenansicht des 1953 neu eröffneten Elefantenhauses. Im Gegensatz zu dem von 1891 war das neue Elefantenhaus in funktionalistischem Stil ohne exotische Motive gebaut und mit einer grosszügigen Aussenanlage versehen. Vorübergehend lebten in der Anlage neben den Elefanten auch Panzernashörner und Zwergflusspferde.

[26] Innenansicht des 1956 neu eröffneten Raubtierhauses. In dem Haus, das damals als Inbegriff moderner Tierhaltung galt, konnten die Besucherinnen und Besucher erstmals Raubkatzen hinter feinen Maschengittern bestaunen.

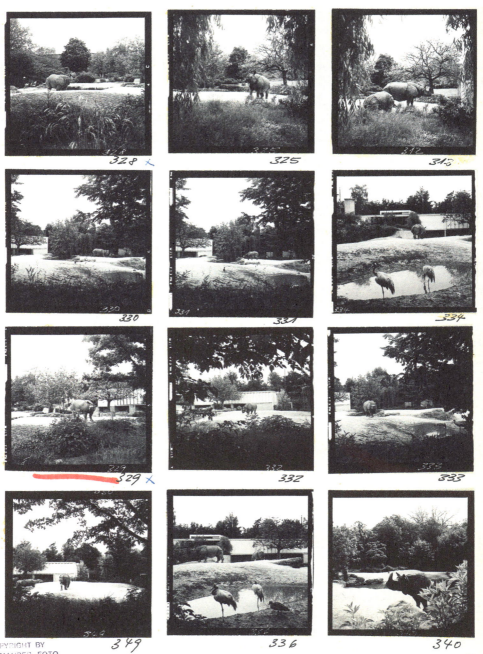

Garten, Pflanze, Raum, Tier, Mensch

[27a] Aufnahmen der 1959 eröffneten gitterlosen Anlage für Panzernashörner. Die Gestaltung der im Zuge einer grossflächigen Renovation des Sautergartens entstandenen Anlage erlaubte eine neue Perspektive auf die Tiere und versuchte diese gemeinsam mit den Menschen und der Natur als Ganzes zu betrachten.

[27b] Vergrösserung der Fotografie ‹329›.

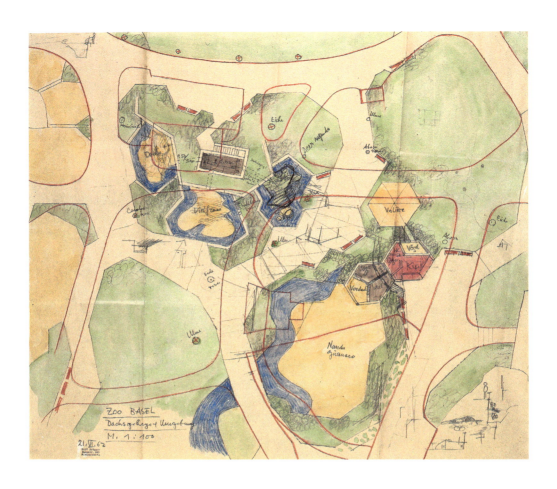

[28] Skizze von Kurt Brägger zur Neugestaltung der Wegführung beim Dachsgehege im Zoologischen Garten Basel, 1962.

Blick auf die Gegenwart: Architektur und Gartengestaltung

Der folgende Text basiert auf einem Gespräch mit Olivier Pagan, Direktor des Zoo Basel, vom 16.1.2020 und repräsentiert in erster Linie die Sicht des Zoos.

Wie in den meisten zoologischen Gärten stehen auch im Zoo Basel zeitgenössische und historische Gehege nebeneinander. Unweit der 2001 eröffneten Etoscha-Themenanlage und dem Tierhaus Gamgoas von 2003 findet sich das Antilopenhaus aus dem Jahr 1910 – ein typischer Vertreter jener Art von Zooarchitektur, mit der die Tiere systematisch geordnet präsentiert werden. Geht man vom Antilopenhaus in Richtung Osten weiter, gelangt man zur Seelöwen-Anlage, deren etwas in die Jahre gekommene, künstliche Felskulisse 1922 zum Modernsten gehörte, was der Zoologische Garten Basel zu bieten hatte. Unmittelbar nebenan findet sich das einzige noch aus dem 19. Jahrhundert stammende Tierhaus: die Eulenburg mit ihren gotischen Spitzbögen. So rege im Zoo Basel in den letzten Jahren auch gebaut und renoviert wurde – das architektonische Erscheinungsbild eines Zoos ändert sich selten von heute auf morgen. Tierhäuser und Gehege aus einer anderen Zeit geben uns einen Einblick in frühere Zookonzepte. In die Architektur zoologischer Gärten haben sich Tierbilder aus verschiedenen Zeiten eingeschrieben, die auch Jahrzehnte nach Entstehung der Tierhäuser und Gehege weiter reproduziert werden.[338]

Verzicht auf ästhetische Reize

Viele Tierhäuser aus früheren Zeiten würden sich auch heute noch bewähren, versichert Zoodirektor Olivier Pagan. So entspräche das von Fritz Stehlin und Eduard Riggenbach im neuklassizistischen Stil gebaute Antilopenhaus zwar nicht mehr dem Baustil des 21. Jahrhunderts, eine tiergerechte Haltung garantierten die Stallungen aber nach wie vor. In welchem Stil die Tierhäuser gebaut seien, «interessiere die Tiere sowieso herzlich wenig». Die «Dekoration» der Bauten sei vor allem für die Menschen da, meint Pagan. Im Gegensatz zu 1910 werden im Antilopenhaus heute allerdings nicht mehr zehn Tierarten, sondern mit Okapis, Giraffen und Kleinen Kudus nur noch deren drei gehalten. Wichtig sei, so Pagan weiter, dass die Tierhäuser und Gehege bei den Tieren die Bedarfsdeckung sicherstellten. Solange garantiert werden könne, dass die natürlichen Bedürfnisse der Zootiere innerhalb der beschränkten Fläche der Gehege befriedigt werden, seien in einem Zoo grundsätzlich viele Baustile denkbar.

Der Zoo Basel lege heute Wert darauf, beim Bau neuer Anlagen eine «klare Sprache» zu sprechen und auf ausgefallene architektonische Mittel zu verzichten. Im Gegensatz zur Zeit um 1900, als die Tierhäuser mit exotischen Motiven dekoriert wurden und für die Besucherinnen und Besucher eine Reise in die Fremde ersetzten, möchte man die ästhetischen Reize heutzutage möglichst gering halten. Man verzichte in Basel auf Erlebniswelten im Stile einer Yukon Bay im Hannover Zoo, einer kanadischen Themenwelt mit Flusslauf, Wolfsschlucht, Hafenstadt und Unterwasserwelt, und versuche auf ein schlichtes Stimmungsbild zu setzen.[339]

Aufgrund der beschränkten Platzverhältnisse im Basler Zoo müssten sich die Architektinnen und Architekten vertieft mit den Bedürfnissen der Tiere auseinandersetzen und mit dem neusten tiergartenbiologischen Wissen vertraut sein. An den Planungssitzungen für neue Bauten nähmen deshalb nicht nur die Projektleitung und der Direktor, sondern auch Kuratorinnen und Kuratoren und Vertreter des Tierpflegepersonals teil. Neue Tierhäuser entstehen in Basel nicht via offizielle Ausschreibungsprozesse, sondern werden von Anfang an gemeinsam mit den Verantwortlichen des Zoos konzipiert. Da Wert darauf gelegt werde, dass sich neue Bauten in das bestehende Erscheinungsbild einfügen, entscheidet man sich laut Pagan mitunter auch dafür, bestehende Gebäude stehen zu lassen und gemäss den neusten Standards zu renovieren – wie zurzeit das 1927 von Heinrich Flügel erbaute Vogelhaus.[340]

Die Gestaltung der Gehege sei auch heute noch an Hedigers Prinzip des ‹Territoriums› angelehnt: Nach wie vor seien die «Möblierung» der Gehege und die Beschäftigungsmöglichkeiten, die diese bieten, massgebender als deren Grösse, sagt Pagan. Als wichtige Raumelemente müssten den Tieren unter anderem Futterplätze, Tränken, Markierungsstellen, Harn- und Kotstellen, Badegelegenheiten und mit Scheuerbäumen oder Suhlen ausgestattete Komfortzonen zur Verfügung gestellt werden. Im Gegensatz zu Hedigers Zeiten werde die Tiergerechtheit eines Haltungssystems heute aber nicht mehr primär an der Haltungsumgebung abgelesen, sondern vielmehr am Tier selbst, das heisst an dessen körperlichem Zustand und Verhalten.

Übersetzte Natur

Im Zoo Basel möchte man die Tiergehege möglichst nicht aneinanderreihen, sondern versuche den Tiergarten als eine eigene Landschaft zu gestalten. Es sei der Landschaftsarchitekt Kurt Brägger und dessen ganzheitlicher Ansatz gewesen, der das noch heute «typische Erscheinungsbild des Zolli» massgeblich geprägt habe, betont Pagan. Brägger, der zwischen 1953 und 1988 für die Gartengestaltung im Zoologischen Garten Basel zuständig war, sei es zu verdanken, dass die Basler Zoobesucherinnen und -besucher «in eine Tierwelt eintauchen» können, in der sie nichts von ihrem Naturerlebnis ablenkt. Neue Gehege würden, um die Parkatmosphäre nicht zu stören, wenn immer möglich am Rand des Zoos gebaut. Die Kompaktheit der Gartenanlage und die überschaubare Grösse des von der Stadt vollständig umschlossenen Zoos erlaubten den Landschaftsgärtnerinnen und Landschaftsgärtnern eine Gestaltung nach einem einheitlichen Konzept. Was für die Besucherinnen und Besucher nach Natur aussieht, sei bis ins letzte Detail geplant: Jeder einzelne Baum wurde bewusst dort gepflanzt, wo er heute steht. Dennoch biete der Zoo Basel auch einen Lebensraum für zahlreiche einheimische Tier- und Pflanzenarten «zwischen den Gehegen».[341]

Pagan ist der Ansicht, die Menschen besuchten den Zoo unter anderem deshalb, weil sie Zeit in der Natur verbringen und Abstand von der Stadt gewinnen wollen. Mit der Gestaltung der Gartenanlage versuche man im Basler Zoo das Bedürfnis des Publikums nach einem Rückzugsort in der Natur zu bedienen. Der Zoodirektor ist überzeugt, dass die Sehnsucht der Stadtmenschen nach der Natur auch in Zukunft nicht abnehmen werde. Letztlich könne man in einem Zoo die Natur aber immer nur «übersetzen», merkt Pagan an: Die Lebensräume der Zootiere seien natürlich nicht dieselben wie jene in den Herkunftsländern der Tiere. Obschon die Umgebung so gut wie möglich an die natürlichen Lebensbedingungen der Zootiere anzupassen versucht werde, könne den Tieren im Zoo nur ein Ersatz für ihren ursprünglichen Bewegungsraum geboten werden.[342] Man stelle aber sicher, dass auch in dieser «übersetzten Natur» alle Parameter vorhanden sind, welche die Tiere brauchen, um ihr Verhaltensrepertoire ausleben zu können, unterstreicht Pagan.

Bei der Gestaltung neuer Gehege würden nicht nur die Bedürfnisse der Tiere berücksichtigt, die Themenanlagen sollen auch das Publikum ansprechen. Dem internationalen Trend folgend baut der Zoo Basel immer mehr Anlagen, denen ein bestimmtes naturwissenschaftliches Thema zugrunde liegt, seien dies Nahrungskreisläufe (Etoscha), Fortpflanzung (Australis), Bewegung (Tembea) oder Evolution (Vogelhaus). Mit den Themenanlagen möchte man das Publikum über Natur- und Artenschutz und die Beziehung der Menschen zur Natur informieren. Ein prominentes Beispiel für eine Themenanlage ist die vom früheren Zoodirektor Peter Studer und dem Landschaftsarchitekten August Künzel gebaute Etoscha-Anlage. Die biologischen Kreisläufe prägen nicht nur das didaktische Erscheinungsbild im Innern des Hauses, sondern werden mit der Bauweise des Gebäudes selbst aufgegriffen – das Tierhaus ist komplett aus Stampflehm gebaut.

Tierhäuser stehen in einem zoologischen Garten meistens für mehrere Jahrzehnte. Es sei deshalb wichtig, dass bei deren Entstehung stets das neuste tiergartenbiologische Wissen einfliesse, betont Pagan. Da sich das Wissen über die Tiere und die Tierhaltung in der Regel aber schneller verändere, als finanzielle Mittel vorhanden seien, um Zoobauten ersetzen oder verbessern zu können, spiegle sich das tiergartenbiologische Wissen oft erst verzögert in der Zooarchitektur. Pagan hält es für vermessen zu glauben, ein zoologischer Garten sei jemals fertig gebaut: Jede Generation habe eine andere Vision davon, wie ein zoologischer Garten aussehen soll, und das Erscheinungsbild des Zoo Basel werde in fünfzig Jahren bestimmt ein anderes sein als heute.

Die Baugeschichte des Basler Zoos gibt Aufschluss über dessen Selbstverständnis: Mittels Architektur und Gartengestaltung wird inszeniert, wie die Besucherinnen und Besucher den Tieren im Zoo begegnen sollen. Seit Mitte des 20. Jahrhunderts zeichnet sich die Bauweise im Zoologischen Garten Basel durch klare Formen aus, die eine ungestörte Tierbeobachtung ermöglichen sollen. Obschon man im Basler Zoo das architektonische und landschaftsgärtnerische Erscheinungsbild möglichst zurückhaltend verändern möchte, führte der Zuwachs an biologischem Wissen dazu, dass einige Anlagen, die unter der Leitung von Hediger und Lang entstanden waren, bereits wieder abgerissen werden mussten: Sowohl das Elefantenhaus von 1953 als auch das Raubtierhaus von 1956 – damals als moderne Errungenschaften gefeiert – wurden inzwischen durch neue Anlagen ersetzt. Nach wie vor wird das auf Hediger zurückgehende Prinzip des ‹Territoriums› herbeigezogen, um die beschränkten Platzverhältnisse zu relativieren und zu erklären, weshalb die Grösse eines Geheges für das Wohlbefinden der Zootiere nicht ausschlaggebend ist.

Wie bereits um 1900, als die Tierhäuser mit exotischen Motiven verziert wurden, wird im Zoo Basel auch heute nicht nur für die Tiere, sondern auch für die Menschen gebaut: Die Themenanlagen, die sich vor rund zwei Jahrzehnten durchzusetzen begannen, sind mit didaktischen Elementen angereichert und sollen die Besucherinnen und Besucher über biologische Zusammenhänge aufklären.

Ungebrochen ist das Bedürfnis nach einer freien Sicht auf die Tiere: Die Löwen im Basler Zoo sind heute nur noch durch einen Graben von den Besucherinnen und Besuchern getrennt. Auch die Glasscheiben im Tierhaus Gamgoas lassen die Trennung von Mensch und Tier optisch beinahe verschwinden. Neben den Freisichtanlagen gehört auch die natürliche Parkatmosphäre noch heute zum Erfolgsrezept des Basler Zoos. Der Anspruch, den Zoo als eine «grüne Oase» mitten in der Stadt erscheinen zu lassen und die Natursehnsucht der Stadtmenschen zu befriedigen,[343] ist seit den 1870er-Jahren ein konstitutives Element für das Selbstverständnis des Zoologischen Gartens Basel.

Die Vermittlung des neuen Zookonzepts

3

Ausbau der Öffentlichkeitsarbeit

Damit sich das neue Selbstverständnis des Zoologischen Gartens Basel auch bei dessen Besucherinnen und Besuchern durchsetzen konnte, musste diesen das neue Konzept vermittelt werden. Es galt, die Sehgewohnheiten des Publikums neu zu definieren und seine Erwartungen an einen Zoobesuch zu verändern. «[D]er Mensch, das Publikum, [ist] das tragende Element, auf welchem […] jeder Zoo ruht. Der rein akademische, publikumsunabhängige Zoo existiert heute noch nicht»,[344] war sich Hediger bewusst. Als öffentlicher Ort musste ein zoologischer Garten die Bedürfnisse seiner Besucherinnen und Besucher genauso hoch gewichten wie jene der Tiere. Um das Projekt der ‹Zolli-Erneuerung› im Einklang mit seinem Publikum voranbringen zu können, verfolgte der Basler Zoo ab den 1940er-Jahren eine offensivere Kommunikationspolitik. Mit der Einführung von regelmässigen Presseorientierungen und Radiovorträgen investierte er in den Ausbau seiner medialen Berichterstattung. Ausserdem organisierte die Zooleitung zahlreiche Führungen und Vorträge für Vereins- und Firmenanlässe und förderte den Kontakt mit den regionalen Bildungsinstitutionen. In seiner monatlichen Berichterstattung zuhanden des Verwaltungsrats führte Hediger unter der Rubrik ‹Propaganda› ab 1944 detailliert auf, was er als Zoodirektor alles unternahm, um nach den schwierigen Kriegsjahren wieder mehr Besucherinnen und Besucher in den Basler Zoo zu locken.[345] Dem zoologischen Garten fehlte es nach Ende des Zweiten Weltkriegs an finanziellen Mitteln, weshalb die Steigerung der Besucherfrequenz und die Gewinnung von privaten Spenderinnen und Spendern oberste Priorität hatten. Dank des rapiden Wirtschaftswachstums in der Nachkriegszeit konnte sich der Zoo allerdings rasch erholen. Sein Status als Ort der lokalen Identität wurde gefestigt und er entwickelte sich zu einer beliebten touristischen Attraktion.[346]

«Die richtige Einstellung zum Zootier»[347]

Die Intensivierung der Öffentlichkeitsarbeit des zoologischen Gartens nur mit Werbezwecken zu erklären, würde aber zu kurz greifen. Ein im Sinne der Tiergartenbiologie geführter Zoo sollte dem Publikum in einer «unentwegten, geduldigen Aufklärungsarbeit […] die richtige Einstellung zum Zootier» näherbringen,[348] war Hediger überzeugt. Mithilfe der Öffentlichkeitsarbeit sollten ‹falsche› zoologische Ansichten korrigiert und dem breiten Publikum die Erkenntnisse aus der tierischen Verhaltensforschung verständlich gemacht werden. «Ein Tiergarten ist heute nicht mehr ausschliesslich eine Unterhaltungsstätte, sondern […] eine biologische Bildungsstätte. Er hat also die Aufgabe, biologische Wahrheiten zu vermitteln»,[349] kommentierte Hediger den Bildungsanspruch des Zoos. Das Publikum sollte nicht nur dann in den Zoo kommen, wenn es etwas Neues zu sehen gab, sondern sich auch für biologische Verhaltensweisen oder soziale Rangordnungen der Zootiere interessieren und dem Zoo regelmässig Besuche abstatten.[350] In den Medienbeiträgen und den Führungen durch den Zoo wurde deshalb nicht nur auf interessante Neuanschaffungen oder Tiergeburten hingewiesen, die Beiträge sollten vielmehr auch «Tatsachen aus dem Tierleben» vermitteln und «so ein klein wenig zur Verbreitung zoologischen Wissens» beitragen,[351] hiess es in einer Pressenotiz des Zoos aus dem Jahr 1948.

Bereits im 19. Jahrhundert hatte Bildung als Auftrag zoologischer Gärten gegolten. Im Kontext der naturgeschichtlichen Volkserziehung wurden bürgerliche zoologische Gärten als «Orte der Beobachtung und Erforschung»[352] wahrgenommen, welche die moralische Einstellung der Bevölkerung zur Natur beeinflussen konnten. Als Wissensräume standen zoologische Gärten im Zentrum des populären Naturkundediskurses, in dessen Zusammenhang die Beschäftigung mit Naturgeschichte als moralische Praxis verstanden wurde.[353] Aufgrund der Verbreitung der Verhaltensforschung und der Tiergartenbiologie hatte das zoologische Wissen im 20. Jahrhundert rapide zugenommen und die Zoos sahen es als ihre Pflicht, dieses neue Wissen an ihre Besucherinnen und Besucher weiterzugeben.

Zoologische Gärten waren aber nicht nur Orte der Wissensverbreitung, sie beteiligten sich auch an der Wissensproduktion: Mit der Art und Weise, wie die Tiere gehalten und die Gehege gestaltet wurden, produzierten die Zoos permanent neues Naturwissen.[354] Wissenschaft wurde nicht nur in Labors betrieben, sondern auch an öffentlichen Orten. Insbesondere durch die mediale Verbreitung wurde das in Zoos oder Museen produzierte Wissen weiter geformt.[355] Indem sie ihre pädagogische Verantwortung hervorhoben, gaben sich die zoologischen Gärten eine neue Daseinsberechtigung. In einer Zeit, in der das ökologische Bewusstsein in der Gesellschaft wuchs und die Institution Zoo zunehmend kritisch wahrgenommen wurde, eigneten sich zoologische Gärten verschiedene neue Aufgaben an, um ihr Weiterbestehen legitimieren zu können.[356] Bildung war neben Forschung und Artenschutz eine dieser Aufgaben.

Eines der Hauptprobleme des gesellschaftlichen Umgangs mit Tieren war gemäss der Tiergartenbiologie die Projektion menschlicher Wünsche und Gefühle auf die Tiere. In ihrer Vermittlungstätigkeit wollten die Verantwortlichen des Basler Zoos deshalb dem Verständnis der Tierwelt eine wissenschaftliche, «tierpsychologische Grundlage»[357] geben. Anthropomorphisierende Vorstellungen sollten korrigiert und dem Zoopublikum «im Zuge der endgültigen Emanzipation von der primitiven Vermenschlichungstendenz […] eine neue, fruchtbarere und richtigere Einstellung gegenüber dem Tier» beigebracht werden.[358] So erklärte Hediger dem Zoopublikum im neuen Zooführer beispielsweise, wie es den Pfauen zu begegnen hatte: Entgegen weit verbreiteter Meinung könne man Pfauen nicht «durch Zurufen, Pfeifen, Vorzeigen eines roten Pullovers, Drohen mit Schirm oder Handtasche usw. zum Radschlagen auffordern», da die Pfauen ihren Federschmuck nur dann entfalten würden, wenn sie «in Stimmung» seien.[359] Hediger empfahl den Zoobesucherinnen und -besuchern deshalb ein geduldiges und aufmerksames Verhalten: «Da hilft einzig ruhiges, verständnisvolles Warten – wie immer, wenn man vom Tier eine besondere Reaktion erhofft.»[360] Beinahe rechtfertigend erklärte Hediger dem Publikum im Zooführer auch, dass die Flugfähigkeit «nur in der Vorstellung des Menschen […] Lebenslust» bedeute und die Raubvögel in der freien Wildbahn nur für die Nahrungsaufnahme fliegen würden.[361] Er verteidigte mit dieser Aussage die in Kritik stehenden Raubvogelvolieren des Basler Zoos. Auch der Zoowärter und Medienschaffende Carl Stemmler verfolgte in seinem publizistischen Schaffen aufklärerische Absichten: Im Bestreben, anthropomorphisierenden Fehlannahmen entgegenzuwirken, stellte er dem «gefühlsmässigen Tierfreund», dessen Wahrnehmung der Tiere von einer vermenschlichenden Perspektive geprägt war, den «Tierkenner»[362] gegenüber: Ein «Tierkenner» würde nicht von fantasierten Befindlichkeiten der Tiere ausgehen, sondern diesen vor dem Hintergrund wissenschaftlicher Kenntnisse begegnen. Stemmler und Hedigers Ziel war es, das Zoopublikum durch eine intensivierte Vermittlungstätigkeit zur «echten Tierliebe»[363] zu erziehen.

Indem die Zoos ausserdem zu einem Umdenken im Umgang mit der Natur aufriefen, begannen sie sich allmählich zu Botschaftern einer bedrohten Tierwelt zu entwickeln.[364] In den zoologischen Gärten wurden erzieherische Zielsetzungen formuliert und erstmals über die Einrichtung von Zooschulen nachgedacht. Massnahmen wie die Herausgabe von Zooführern, die Beschriftung der Gehege und die Organisation von Ausstellungen, Vorträgen und Führungen waren wichtige Schritte auf dem Weg der Zoos hin zu anerkannten Bildungsstätten. Für den Zoologischen Garten Basel bildete die Zeit zwischen 1944 und Mitte der 1960er-Jahre im Hinblick auf die Zoopädagogik eine Art Übergangsphase, in der viele Entwicklungen angedacht wurden, die später institutionalisiert werden sollten. Zwar wurde die Öffentlichkeitsarbeit – beeinflusst von einer gestiegenen Bildungserwartung und einem allgemeinen erzieherischen Impetus – ab den späten 1940er-Jahren zunehmend pädagogisiert, von einer professionalisierten Zoopädagogik konnte aber noch länger nicht die Rede sein. Dafür fehlten dem Zoo schlicht die finanziellen Mittel: «Mehr kann zur Zeit nicht gemacht werden, da es an genügend Assistenten fehlt. Auch

Assistenten kosten Geld und der Zoologische Garten muss ja bekanntlich mit allem sparen»,[365] gab Hediger 1951 bedauernd zum Ausdruck, als er von einer Zoobesucherin auf die Lücken im pädagogischen Angebot des Tiergartens angesprochen wurde.

Schauplatz der Massenmedien

Schlüsselelement in der Öffentlichkeitsarbeit des Zoologischen Gartens Basel war der einmal monatlich durchgeführte Presseapéro. Nachdem Hediger bereits in Bern die lokalen Medienschaffenden zu regelmässigen Führungen in den Tierpark eingeladen hatte, führte er diese Art der Presseorientierung mit anschliessendem Apéro 1944 auch in Basel ein. Mit der Vertiefung des Verhältnisses zur lokalen Presse wollte die Zooleitung eine regelmässige und wohlwollende Berichterstattung über den Zoo fördern. Im Sitzungsprotokoll des Verwaltungsrats vom 10. Mai 1944 hiess es:

> «Zu den propagandistischen Fragen äussert sich Dir. Hediger vorerst über das Verhältnis zur Presse. […] Jeden 3. Donnerstag im Monat um 11 Uhr vormittags wird Dir. Hediger die hiesige Presse zu einem Apéritif einladen und die Presseleute herumführen, ihnen konkrete Hinweise geben und jede nur gewünschte Auskunft erteilen. Schreiben soll dann jeder nach eigenem Ermessen.»[366]

Die Presseapéros waren eine Mischung aus offizieller Kommunikation und Führung durch den Zoo. Während der Anlässe hielt Hediger tierpsychologische Vorträge und präsentierte den Medienschaffenden verschiedene Tiere oder Anlagen. Die anschliessende Berichterstattung in den lokalen Zeitungen ermöglichte es der Zoodirektion, mit den Besucherinnen und Besuchern in Kontakt zu bleiben und noch populärer zu werden. Sowohl bei den Medienschaffenden als auch bei den Leserinnen und Lesern stiess das neue Format auf positive Resonanz. Der Presseapéro war jeden Monat gut besucht und das öffentliche Interesse am Zoo gross. Die Verantwortlichen des zoologischen Gartens betonten die positive Zusammenarbeit mit der Presse und bedankten sich für das «lebhaft[e] Interesse am Garten» und die «nie erlahmende Anteilnahme am Wohl und Wehe» der Basler Zootiere.[367] Die Propagandamassnahmen Hedigers schienen zu wirken und die offensive Kommunikationsstrategie des zoologischen Gartens erwies sich als äusserst erfolgreich.

Ein weiteres Format, mit dem «sachliche, wenn möglich interessante, anregende Informationen ins Publikum» getragen und dadurch «neue Freunde für den Zoo, für das Tier» gewonnen werden sollten,[368] war die neu geschaffene Rubrik *Was es nur im Zolli gibt*, die regelmässig in den lokalen Tageszeitungen zu lesen war. Die kurze Kolumne war für den

Zoologischen Garten Basel einerseits eine weitere Möglichkeit, die Bevölkerung über seine «Kostbarkeiten»[369] zu informieren, sollte andererseits aber auch Tierwissen vermitteln und die biologischen Kenntnisse der Leserinnen und Leser fördern. Es handelte sich bei der Kolumne um eine «zoologisch verantwortbare, gleichzeitig aber leichtfassliche Orientierung des Publikums».[370] Auch das 1958 vom Freundeverein des Zoos ins Leben gerufene Zolli-Bulletin diente dazu, zoologisches Wissen zirkulieren zu lassen und einen Austausch zwischen dem Zoo und der interessierten Öffentlichkeit zu ermöglichen.[371] Verwaltungsratspräsident Geigy kommentierte die Einführung des Bulletins wie folgt:

> «Das Zolli-Bulletin möchte in diesem Sinne wirken, indem es die Verbindung zu allen, die ihr Interesse am Garten aktiv bekunden, noch enger gestalten [...]. Neben den detaillierten Jahresbericht – dem gewohnten Rückblick auf die verflossenen zwölf Monate –, neben die üblichen Aktualitätsmeldungen in der Presse tritt nun ein intimerer und direkterer Vermittler.»[372]

Mit den neu geschaffenen Formaten versuchte sich der Zoologische Garten Basel im Vergleich zu seiner Konkurrenz in Bern und in Zürich hervorzuheben; durch die regelmässige Berichterstattung lenkte er die Aufmerksamkeit des Publikums und blieb in der öffentlichen Wahrnehmung stets präsent.[373]

Die Presse war nicht das einzige Medium, das der Zoo geschickt zu nutzen verstand: Hediger produzierte ab den 1940er-Jahren auch diverse populäre Radiosendungen zu verschiedenen tiergartenbiologischen Themen.[374] Besonders beliebt waren die Radiobeiträge von Carl Stemmler (Abb. 30, S. 116). Der Tierpfleger arbeitete seit 1927 im Basler Zoo und wurde 1947 zum Oberwärter befördert. Ab den 1940er-Jahren war Stemmler auch publizistisch tätig und schrieb Zeitungskolumnen und Bücher. Mit seiner Sendung *Kind und Tier* auf Radio DRS wurde er in der ganzen Schweiz bekannt und fand «den Weg zum Tierfreund und namentlich zu den an der Natur interessierten Kindern».[375] Stemmler prägte mit seinen Radiosendungen «das Verhältnis einer ganzen Generation von Deutschschweizern zur Natur».[376] Hedigers Nachfolger Lang nutzte später zunehmend das Medium Film, um dem interessierten Zoopublikum die Tierwelt näher zu bringen und die Attraktivität des Zoos zu steigern: Er organisierte Filmvorführungen und arbeitete an der Produktion von Wochenschauen über den Basler Zoo mit. Neben Hediger, Lang und Stemmler beteiligten sich in der Nachkriegszeit auch Adolf Portmann oder Paul Steinemann an der Produktion populärwissenschaftlicher Publikationen über den zoologischen Garten.[377] Die von den Basler Zoo-Verantwortlichen mitgestalteten Bücher und Zeitschriften berichteten über das Innenleben des Zoos und illustrierten dieses mit ausführlichen Bildstrecken. Das anekdotenhafte Erzählen über die Zootiere erfreute sich in der Öffentlichkeit einer grossen

Beliebtheit, da es die Leserinnen und Leser mental in die Zoogehege eindringen liess.[378] Durch die Verbreitung von Tierbildern in Zeitungen, Zeitschriften, Büchern und im Fernsehen begann sich das Tierwissen der breiten Gesellschaft allmählich zu vergrössern. Obwohl der Zoologische Garten Basel um eine Biologisierung des gesellschaftlichen Tierbilds bemüht war, verschwanden die Tendenzen zur Vermenschlichung nicht aus der populärkulturellen Beschäftigung mit Tieren.[379] Indem die Verantwortlichen des Zoos mit ihrer publizistischen Tätigkeit sentimentalisierte Tierbilder bedienten, trugen sie entgegen den kommunizierten Absichten mitunter selbst zu einer vermenschlichenden Wahrnehmung der Tiere bei. Ein Beispiel dafür ist die Berichterstattung über das berühmte Gorillababy Goma. Ob in Zeitungsartikeln, Büchern oder Filmaufnahmen: Die Berichte über die neugeborene Goma, die im Haus des Direktors aufgezogen wurde, vermittelten das Bild einer harmonischen Familie, in das der junge Gorilla wie ein Menschenkind integriert wurde.[380]

Erwartungen des Publikums

Zoologische Gärten waren beliebte Stätten des Freizeitvergnügens und erlebten in der Nachkriegszeit einen starken Anstieg der Besucherzahlen. Mit den veränderten Arbeitsbedingungen, der Steigerung des Lebensstandards, dem wachsenden Wohlstand und dem Aufkommen einer individualisierten Konsum- und Freizeitkultur wurden Zoos immer wichtiger für die Befriedigung des gesellschaftlichen Bedürfnisses nach Vergnügen und Zerstreuung.[381] Eine bedeutende neue Gruppe von Konsumentinnen und Konsumenten waren Kinder und Jugendliche, die mit den neu geschaffenen medialen Formaten besonders gut erreicht werden konnten. Trotz des wissenschaftlichen Anspruchs blieb das von Zoos produzierte, «konsumierbare Naturerlebnis»[382] letztlich eine emotionale Angelegenheit. Unterhaltung und Spektakel nahmen im neuen Selbstverständnis des Zoologischen Gartens Basel vorderhand zwar keinen prominenten Platz ein, dennoch war es den Verantwortlichen des Zoos ein Anliegen, Zoobesuche nicht nur belehrend, sondern auch abwechslungsreich und erlebnisorientiert zu gestalten. Hediger beschrieb diesen Aushandlungsprozess zwischen Bildung und Vergnügen als «dauernd[e], oft äusserst schwierig[e] Kompromisssuche auf biologischem, betrieblichem und organisatorischem Gebiet».[383] Das Publikum und die Tiere waren die beiden Brennpunkte, die es im Zoo aufeinander abzustimmen galt, so dass dieser nicht nur ein Ort des Wissens, sondern auch ein Raum der urbanen Freizeitkultur sein konnte.[384] Wie andere Kultureinrichtungen sahen sich auch zoologische Gärten mit der Problematik konfrontiert, dass sich ihre wissenschaftlichen Zielsetzungen nicht immer mit den Erwartungen der Besucherinnen und Besucher deckten.[385] Für das Publikum stellte der Zoobesuch in erster Linie eine Freizeitaktivität dar und die Begegnung mit den Tieren war vom «Reiz des Aussergewöhnlichen»[386] geprägt. Die im Zoo präsentierte Tierwelt war zwar dank der Verhaltensforschung und der Tierpsychologie erklärbar geworden, der Zugang zur Natur blieb aber weiterhin von ‹Staunen› und ‹Neugierde› dominiert.[387] Nach wie vor schienen sich die Zoobesucherinnen und -besucher am meisten von exotischen Tierarten oder seltenen Tiergeburten angezogen zu fühlen. Die Erwartungen des Publikums beeinflussten das Selbstverständnis des Zoologischen Gartens Basel deshalb genauso wie die Impulse aus der Wissenschaft.[388] Es sind die produktiven Differenzen zwischen den Ansprüchen der Zoobesucherinnen und -besucher und den Vorstellungen der Zooleitung über eine tiergerechte Haltung, welche die Mensch-Tier-Beziehung im Zoo zu einer zentralen Frage erheben.

Die Perspektive des Zoopublikums zu erfassen, ist aufgrund der dünnen Quellenlage nicht einfach. Als anonyme Masse hinterliessen die Zoobesucherinnen und -besucher im Archiv nur wenige Spuren.[389] Das Archiv des Zoologischen Gartens Basel enthält allerdings einen Bestand an Briefen, die Einblick in die Wahrnehmung des Zoopublikums geben.[390] Die Briefeschreibenden wandten sich sowohl mit Fragen zu Zootieren als auch mit Anliegen zur Haustierhaltung an den Basler Zoo. Neben den Direktoren Hediger und Lang war ab Ende der 1950er-Jahre der wissenschaftliche Assistent Hans Wackernagel für die Bearbeitung der Anfragen zuständig. Die Briefe gelangten entweder per Post an den Zoo oder wurden in den im Vogelhaus angebrachten Briefkasten eingeworfen, der installiert worden war, «um jungen Interessenten zu ermöglichen, der Direktion allerhand vernünftige Fragen mit Bezug auf den Zoo schriftlich zu unterbreiten».[391] Ein Angebot, das laut dem Jahresbericht von 1947 rege beansprucht wurde.

Die Korrespondentinnen und Korrespondenten bezogen sich in ihren Briefen zum Teil explizit auf das neue Selbstverständnis des Zoos. So hiess es zum Beispiel in einer Anfrage des Vizepräsidenten der Union Chrétienne de Jeunes Gens, man habe den Presseberichten entnommen, der Basler Zoo wolle «immer mehr das Interesse der breiten Volksmassen für [seinen] wissenschaftlichen Wert» wecken.[392] Auch in einem Brief des Instituts für Behandlung von Erziehungs- und Unterrichtsfragen wurde positiv kommentiert, dass der Zoo seit Hedigers Antritt als Direktor «nicht mehr nur Tierschau-Etablissement» sei, sondern sich zu «einer wissenschaftlichen Forschungsstätte»[393] entwickelt habe. Mit Zoobesuchen im Rahmen des Schulunterrichts wollte die Leitung des Instituts «die Heranführung der Jugend an und in die Natur und die Beobachtung der Verhaltensweise der Kreatur» fördern.[394] «Ich bin mir ganz bewusst, dass auch Wissenschaftler vom Wesen des Zoologischen Gartens bisher falsche Vorstellungen hatten und sich sogar dichterischen Aspekten hingaben», bekannte ein anderer Zoobesucher und lobte die vom Zoo geleistete Aufklärungsarbeit.[395] Weiter schrieb er in seinem Brief: «Ich darf Ihnen verraten, dass es Ihnen gelungen ist, in unserem Kreise [...] kopfklärend gewirkt zu haben.»[396]

In den Briefen wurde auch auf die neu eingeführten Presseapéros Bezug genommen: Ein Zoobesucher bedauerte, «diesen interessanten Vorführungen und Erklärungen nicht beiwohnen» zu können, und äusserte den Wunsch, «dass diese Zolli-Exkursionen auch einem weiteren interessierten Publikum zugänglich gemacht» würden.[397] Eine andere Zoobesucherin schlug der Direktion vor, regelmässig eine «Zolli-Zeitung» herauszugeben, in welcher auf Publikumsanliegen eingegangen und den Zoobesucherinnen und -besuchern «wissenschaftliche[,] allgemeinverständliche Antworten» gegeben würden.[398] Mit dieser Zeitung sollte der «Kontakt zwischen Zolli-Besucher u[nd] dem Leben im Zoo persönlicher gestalte[t]» werden.[399] Die Beispiele zeigen, dass der Bildungsanspruch des Basler Zoos von der Öffentlichkeit durchaus wahrgenommen und geschätzt wurde. Das Publikum schien im Zoo nicht nur unterhalten werden zu wollen, sondern war gewillt, sich neues, tiergartenbiologisches Wissen anzueignen.

[29] Heini Hediger mit Journalisten im Antilopenhaus während eines der ersten Presseapéros, 1944.

[30] Carl Stemmler während einer Radiosendung im Jahr 1951. Mit der Sendung *Kind und Tier* auf Radio DRS wurde der Tierpfleger aus dem Zoologischen Garten Basel schweizweit bekannt.

Blick auf die Gegenwart: Vermittlung von Tierwissen

Der folgende Text basiert auf Gesprächen mit Tanja Dietrich, Leiterin Kommunikation und Public Relations des Zoo Basel, und mit Kathrin Rapp Schürmann, Leiterin Bildung und Vermittlung des Zoo Basel, vom 29.1.2020 und repräsentiert in erster Linie die Sicht des Zoos.

Die vom Verwaltungsrat und der Direktion des Zoologischen Gartens Basel ab den 1940er-Jahren geförderte Vermittlungstätigkeit war eine Reaktion auf die schwierigen Krisenjahre und eine «Propaganda»-Massnahme,[400] die das neue Konzept des Zoos bekannt machen sollte. Man wollte die Sehgewohnheiten der Zoobesucherinnen und -besucher verändern und diesen die biologischen Verhaltensweisen der Tiere vermitteln. Das Aufgabenfeld der Öffentlichkeitsarbeit lag dabei zunächst in der Verantwortung der Zoodirektion und des Verwaltungsrats. Erst ab Ende der 1950er-Jahre begannen die wissenschaftlichen Assistenten und die Mitarbeitenden der Tierpflege einen Teil der immer zahlreicher werdenden Aufgaben zu übernehmen. Heute bildet die Öffentlichkeitsarbeit ebenso wie die Bildung und Vermittlung eine eigene Abteilung in der Verwaltung des Zoos.

Das Tier im Zentrum

Die Abteilung Kommunikation und Public Relations besteht aktuell aus vier Mitarbeitenden mit rund 300 Stellenprozenten und wird von Tanja Dietrich geleitet. Die Vermittlung der Tiere und deren Verhaltensweisen stehe auch heute im Zentrum der Öffentlichkeitsarbeit, so Dietrich. Man wolle beim Publikum das Interesse für die Zusammenhänge der Natur wecken und so zu einem Zoobesuch animieren. Um möglichst vielen Menschen einen Zugang zu biologischen Inhalten zu gewähren, müssten diese allgemein verständlich aufbereitet werden und Aktualität besitzen. Die Inhalte würden zum Beispiel mit Nachrichten über eine erfolgreiche Nachzucht, die Ankunft neuer Tiere oder den Bau einer neuen Anlage verknüpft. Im Vergleich zu den Zeiten Hedigers versuche man im Zoo Basel heute die Tiere auch in der visuellen Kommunikation noch mehr ins Zentrum zu stellen: In Drucksachen, Medienbildern oder Videos würden nicht die Interaktion der Tiere mit den Menschen oder der Zooumgebung in den Fokus gerückt, sondern möglichst nur die Tiere selbst abgebildet.

Mit seiner Vermittlungstätigkeit möchte der Zoo Basel bei den Besucherinnen und Besuchern positive Emotionen wecken. Nur wenn das Publikum sehe, dass es den Zootieren gut geht, könne der zoologische Garten auch seine anderen Aufgaben erfüllen, ist Dietrich überzeugt. Die Besucherinnen und Besucher müssten den Zoo mit einem «guten Gefühl» besuchen, um für Naturschutzthemen sensibilisiert werden zu können. Da das Interesse des Publikums erfahrungsgemäss eher auf die einzelnen Tiere als auf komplexe Umweltfragen gerichtet sei, versuche man die Thematik des Natur- und Artenschutzes in die Berichterstattung über die Zootiere einzuflechten und mit der Wissensvermittlung über Tierarten, die im Zoo zu sehen sind, zu verbinden. Man wolle Aufklärungsarbeit leisten, müsse in der Kommunikation aber auch auf die Erwartungen der Besucherinnen und Besucher eingehen, meint Dietrich. Im Zeitalter der sozialen Medien habe der Zoo Basel nicht nur mehr Möglichkeiten, Informationen über eigene Kanäle zu verbreiten, er spüre auch unmittelbarer, wie die Öffentlichkeit auf seine Mitteilungen reagiert.

Der Zoo Basel versendet einmal wöchentlich eine Medienmitteilung inklusive aufbereitetem Foto- und Videomaterial an mehrere hundert nationale und internationale Medienpartner. Wie in den 1950er- und 1960er-Jahren nimmt der Zoo Basel auch heute einen festen Platz im Programm der lokalen Radio- und Fernsehsender ein: Radio Basilisk sendet wöchentlich in seinem *Zolli Egge* aus dem Zoo Basel und Telebasel hat 2020 eine neue Kindersendung mit dem Titel *Zoo Kidz* lanciert. Das Wohlwollen, das insbesondere die lokalen Medien dem ‹Zolli› entgegenbringen, hat seinen Ursprung nicht zuletzt in der Tradition der von Hediger 1944 eingeführten monatlichen Presseapéros. Die in beinahe unverändertem Stil stattfindenden Presseanlässe gehören heute noch zum Kern der Öffentlichkeitsarbeit des Zoos. Die Presseführungen werden vom Zoodirektor und einzelnen Kuratorinnen und Kuratoren geleitet und dauern rund eine Stunde. Die behandelten Themen kommuniziert der Zoo anschliessend an die Presseapéros in einer Medienmitteilung. Für den Zoo Basel bewähre sich das Format des Presseapéros auch im digitalen Zeitalter, meint Dietrich. Die regelmässigen Presseführungen ermöglichen die Kontaktpflege zu den lokalen Medienschaffenden und stellen eine Gelegenheit dar, ausführlich und proaktiv über bestimmte Ereignisse zu informieren.

Vielfältiges Bildungsangebot

Trotz des hohen Stellenwerts, den man der Bildung bereits während der Direktionszeit Hedigers beimass, war es noch ein weiter Weg bis zu einer institutionalisierten Zoopädagogik: Erst 1991, als der Tierarzt Andreas

Heldstab die Aufgabe des «Zoolehrers»[401] übernahm, wurde im Basler Zoo erstmals eine Teilzeit-Stelle für Bildungszwecke geschaffen. Aktuell arbeiten in der von Kathrin Rapp geleiteten zoopädagogischen Abteilung fünf Personen sowie ein rund fünfundzwanzig Personen umfassendes Team von Zooführerinnen und Zooführern. Mit der Namensänderung der Abteilung zu «Bildung und Vermittlung» im Jahr 2017 wollten die Zoo-Verantwortlichen verdeutlichen, dass das Bildungsangebot nicht nur für Kinder und Schulen, sondern für alle Altersgruppen gedacht ist.

In dem 2017 erstmals verschriftlichten Bildungskonzept des Zoos wird zwischen informeller und formaler Bildung unterschieden. Unter informeller Bildung werden Angebote verstanden, die ein «selbstgesteuertes, spontanes und unbetreutes Lernen» ermöglichen.[402] Dazu werden neben der ungestörten Beobachtung der Tiere auch das Lesen der Gehege-Beschilderung, die Benutzung der Info-Mobile oder die Konsultation von Broschüren, der Homepage oder der Social-Media-Kanäle gezählt. Ausserdem können die Besucherinnen und Besucher im Zoo verschiedenen Aktivitäten wie beispielsweise einem Elefanten-Training, einer Seelöwen-Fütterung oder einem Pinguin-Spaziergang beiwohnen. Während der Zoo Basel mit diesen niederschwelligen Angeboten ein breites Publikum erreicht, sind die formalen Bildungsangebote auf kleinere Zielgruppen zugeschnitten. Zur formalen Bildung zählt der Zoo nicht nur Führungen, Vorträge und Vorlesungen, sondern auch Angebote, die einen hohen Grad an Interaktion ermöglichen, wie zum Beispiel die Mitarbeit im Kinderzoo oder die Durchführung von Projektwochen für Schulklassen.

Die Zusammenarbeit zwischen dem Zoo Basel und den Schulen der Region wurde in den vergangenen Jahrzehnten kontinuierlich ausgebaut. Dank Leistungsvereinbarungen mit den Kantonen Basel-Stadt und Basel-Landschaft besuchen Schulklassen den Zoo gratis und profitieren von verschiedenen zoopädagogischen Vermittlungsangeboten. Der Zoo Basel versteht sich als ausserschulischer Lernort, der massgeschneiderte Führungen im Sinne eines weiterführenden Unterrichts anbietet. Angelehnt an die Idee der Kompetenzorientierung des Lehrplans 21, der eine Förderung des forschenden und entdeckenden Lernens vorsieht, bietet der Zoo seit 2019 Workshops sowie Themenkisten mit Forschungsaufgaben und Materialien für den Unterricht an, die gemeinsam mit Lehrpersonen entwickelt wurden. In Zusammenarbeit mit dem Pädagogischen Zentrum PZ.BS in Basel werden regelmässig Weiterbildungsveranstaltungen für Lehrpersonen angeboten, die zu einer Qualitätssteigerung des Zoobesuchs im Rahmen des Unterrichts beitragen sollen. Dass der Zoo Basel ein beliebtes Exkursionsziel für Schulklassen ist, belegen die Zahlen: Im Jahr 2019 besuchten insgesamt 2482 Schulklassen den Zoo.[403]

Das Bedürfnis nach Kontakt zum Tier

Der ‹Kinderzolli› gehört seit 1977 zum Herzstück des Bildungsangebots im Zoologischen Garten Basel. Mit der Neuzuteilung des Nachtigallenwäldchens – dem Landstück zwischen dem heutigen Haupteingang des Zoos und dem Wildschweingehege – war bereits 1961 der Grundstein für die Errichtung des Basler Kinderzoos gelegt worden. Der ‹Kinderzolli› ist der einzige Ort im Zoo Basel, an dem die Tiere berührt werden dürfen. In der Interaktion mit den Tieren sollen die Besucherinnen und Besucher und besonders die Kinder und Jugendlichen, die sich für eine Mitarbeit bei der Tierpflege im Kinderzoo angemeldet haben, die Bedürfnisse der Tiere kennenlernen und einen respektvollen Umgang mit denselben entwickeln. Im ‹Kinderzolli› leben ausschliesslich Haustiere, die für den Kontakt mit Kindern geeignet sind. Das Angebot erfreut sich einer grossen Beliebtheit: Pro Jahr leisten Kinder und Jugendliche während ihrer Freizeit durchschnittlich ca. 4000 ganz- oder halbtägige Einsätze im Kinderzoo.[404]

Den Wunsch, den Zootieren nahe sein zu können, kennen auch die erwachsenen Zoobesucherinnen und -besucher: Immer wieder würden den Zoo Basel Anfragen für Führungen «hinter den Kulissen» erreichen, erzählt Rapp. Dem Publikum Zugang in jene Bereiche zu gewähren, die der Öffentlichkeit normalerweise verschlossen bleiben, habe für den Zoo allerdings keine Priorität. Man wolle die Tiere in ihren naturnah gestalteten Anlagen in den Mittelpunkt stellen und nicht die Arbeitsbereiche der Tierpflegerinnen und Tierpfleger, die aufgrund der beschränkten Platzverhältnisse für grosse Gruppen nicht geeignet seien. Da man im Zoo Basel Wert darauf lege, die Tiere als Wildtiere zu präsentieren, seien die Möglichkeiten, mit den Zootieren in Kontakt zu kommen, für das Publikum heutzutage geringer als noch während der Direktionszeiten von Hediger oder Lang, als Interaktionen zwischen Mensch und Zootier häufiger waren. Das heutige Publikum solle die Möglichkeit haben, Tiere zu beobachten, die ihr natürliches Verhaltensrepertoire ausleben, sagt Rapp.

Um bei den Besucherinnen und Besuchern Begeisterung für biologische Zusammenhänge wecken zu können, müssten Zootiere das Publikum emotional berühren, sind sich Rapp und Dietrich einig. Es bestehe aber die Gefahr, dass sich die Menschen den Tieren zu nahe fühlen und ihre eigenen Bedürfnisse auf die Tiere übertragen. Es gebe zum Beispiel immer wieder Zoobesucherinnen und -besucher, welche die Gorillas im Zoo als apathisch wahrnehmen. Eine Erklärung für diese Beurteilung sieht Rapp in der Tatsache, dass Gorillas im Gegensatz zu uns Menschen ihren Artgenossen nicht in die Augen sehen und kaum Körperkontakt untereinander haben. Andere Besucherinnen und Besucher würden mit Unverständnis auf die Einzelhaltung gewisser Tierarten reagieren. Für uns Menschen, die wir es gewohnt sind, in Sozialverbänden zu leben, ist es gemäss Rapp nur schwer nachvollziehbar, dass bestimmte Tiere einzelgängerisch unterwegs sind. Eine anthropomorphisierende Wahrnehmung von Tieren könne schnell zu Fehleinschätzungen führen. Umso wichtiger sei es, diesen vermenschlichenden Vorstellungen in der Vermittlungstätigkeit zu begegnen. Rapp denkt, dass das Publikum heute aber grundsätzlich sensibilisierter ist für die Bedürfnisse der Tiere als noch in den 1940er- und 1950er-Jahren. Gesellschaftliche Veränderungen im Umgang mit der Natur hätten zu einem wachsenden Respekt gegenüber den Tieren geführt, die heute als etwas angesehen würden, das es zu schützen gelte. In Anbetracht des weltweiten Artensterbens möchte man im Zoo Basel die Besucherinnen und Besucher in Zukunft noch vertiefter über die Bedrohungen der Tiere und deren Lebensräume informieren.

Die Vermittlungstätigkeit des Zoos ist auch heute geprägt von dem Spannungsfeld zwischen Wissensvermittlung und Publikumserwartung, das die Zoo-Verantwortlichen bereits in der Nachkriegszeit beschäftigte. Hediger hatte es sich ab 1944 zur Aufgabe gemacht, die vermenschlichenden Vorstellungen der Zoobesucherinnen und -besucher zu korrigieren. Auch im 21. Jahrhundert haben die Zoo-Verantwortlichen der Projektion menschlicher Bedürfnisse auf die Tiere zu begegnen. Im Gegensatz zur Nachkriegszeit liegt die Aufklärung der Besucherinnen und Besucher über biologische Zusammenhänge heute aber nicht mehr alleine in der Verantwortung der Öffentlichkeitsarbeit, sondern wird zu grossen Teilen von der zoopädagogischen Abteilung übernommen. Bildung ist neben Erholung, Naturschutz und Forschung als Aufgabe des Zoos inzwischen fest in dessen Leitbild verankert.

Der Zoo Basel geniesst bei der Basler Bevölkerung viel Rückhalt und pflegt ein gutes Verhältnis zur lokalen Medienlandschaft. Bei der Abstimmung über das Bauprojekt des Ozeaniums im Mai 2019 zahlte sich dies jedoch nicht aus. Mit dem Grossaquarium, das an der Basler Heuwaage hätte gebaut werden sollen, wollte der Zoo die Vielfalt und gleichzeitig auch die Bedrohung des Ozeans aufzeigen. Das Aquarium sollte sich um die Themen Ressourcen und Nachhaltigkeit drehen und zu Umweltbildung und Naturschutz beitragen. Die Basler Stimmbevölkerung lehnte die bau- und verwaltungsrechtlichen Anpassungen, die für den Bau des von privaten Spenderinnen und Spendern finanzierten Aquariums nötig gewesen wären, mit 54,6 Prozent Nein-Stimmen ab. Die Nähe zu den lokalen Medien reichte letztlich nicht, um der öffentlichen Kritik an dem von Tierrechtsorganisationen und den Grünen bekämpften Projekt entgegenzuwirken und das Stimmvolk zu überzeugen. Die Gegnerinnen und Gegner hielten das Projekt für unzeitgemäss und hatten unter anderem tierschutzrelevante Einwände. Das Beispiel des Ozeaniums zeigt, wie die Öffentlichkeit zunehmend selbst als Anwältin der Tiere auftritt. Im Nachgang zur Abstimmung stellt sich die Frage, ob die politische Dimension des Projekts im Zoo unterschätzt wurde und die Öffentlichkeit früher in die Auseinandersetzung um die Entstehung des Aquariums hätte eingebunden werden sollen.

Der beschwerliche Weg zum Fütterungsverbot

Im Zuge seiner tiergartenbiologischen Neukonzeption wollte der Zoologische Garten Basel auch sein veraltetes Ernährungssystem reformieren. «Die Ernährungsweise der Zoo-Tiere harrt noch einer durchgreifenden Biologisierung, d.h. einer weitgehenden Anpassung an die natürliche Nahrung»,[405] schrieb Hediger 1942 in *Wildtiere in Gefangenschaft*. Eine Steigerung der Nahrungsqualität und ein wissenschaftlich kontrolliertes Fütterungssystem seien zwar aufwendig und teuer, würden sich aber langfristig positiv auf die Gesundheit der Zootiere auswirken. Hediger war überzeugt, dass durch eine Umstellung der Ernährung die Tierverluste im Zoo deutlich verringert werden könnten.[406] 1944 verordnete der Verwaltungsrat als erste Massnahme zur Förderung einer hygienischeren Nahrungsaufnahme die Installation neuer Raufen und Krippen in verschiedenen Ställen.[407]

Der Knackpunkt der Ernährungsfrage im Basler Zoo stellte die Fütterung durch das Publikum dar. Die Besucherinnen und Besucher waren es gewohnt, den Zootieren mitgebrachte Karotten, Äpfel, Würfelzucker oder Küchenabfälle wie altes Brot und Käserinden zu verfüttern. Diese beliebte Tradition war der Zooleitung ein Dorn im Auge. In der Öffentlichkeitsarbeit versuchten Hediger und Lang deshalb auf die Gefahren hinzuweisen, die eine unkontrollierte Fütterung mit sich brachte. Das Beispiel der Fütterung zeigt, dass die Bedürfnisse des Zoopublikums im Widerspruch zu jenen der Zootiere stehen konnten: Während die Menschen beim Zoobesuch in nahen Kontakt mit den Tieren treten wollten, sollten diese gesund ernährt und in Distanz zu den Besucherinnen und Besuchern gehalten werden.

Das Publikum erziehen

Die Kontrolle des Fütterungsverhaltens des Zoopublikums war Bestandteil eines grösseren Disziplinierungsprogramms, das Hediger im Zoologischen Garten Basel in den 1940er-Jahren lancierte. Um zu gewährleisten, dass die Besucherinnen und Besucher bei ihrem Gang durch den Zoo die Regeln befolgten, führte der neue Zoodirektor verschiedene «Kontrollmedien»[408] ein, die zu einem «vernünftigen und anständigen Betragen» anhielten.[409] Dazu gehörten zum Beispiel an den Gehegen angebrachte, belehrende Schilder oder Weisungen im Zooführer.[410] Dass die Zootiere vom Publikum gestört oder gequält wurden, war in den 1940er-Jahren ein noch immer verbreitetes Phänomen: Viele Besucherinnen und Besucher sahen in den Zootieren «Feinde, gefrässige Ungeheuer, Schädlinge, die man necken, an denen man sich rächen, denen man das Leben sauer machen durfte»,[411] meinte Hediger. So kam es beispielsweise immer wieder vor, dass Besucherinnen oder Besucher die Tiere absichtlich erschreckten oder in die Käfige hineinspuckten.[412]

Hediger vertrat die Ansicht, dass die Gitter in den zoologischen Gärten nicht nur dazu da waren, die Menschen vor den wilden Tieren, sondern umgekehrt auch die Zootiere vor den Besucherinnen und Besuchern zu schützen: «Das Publikum liefert für die meisten Tiergärten zwar die Grundlage für ihre Existenz, stellt aber erfahrungsgemäss gleichzeitig die grösste Gefahr für den Tierbestand dar»,[413] stellte er besorgt fest. Die von den Besucherinnen und Besuchern ausgehende Gefahr unterteilte Hediger in drei Kategorien:

> «Erstens bildet das Publikum für empfindliche Arten vielfach die bedeutendste Infektionsgefahr. […] Die zweite wesentliche Gefahr besteht im Verabreichen von schädlicher Nahrung durch das Publikum; die dritte in der Möglichkeit direkter Verletzung oder indirekter Schädigung der Tiere durch Hetzen, Necken, Erschrecken, Aufregen usw.»[414]

Seine Perspektive auf die Beziehung zwischen Mensch und Tier im Zoo thematisierte der Zoodirektor 1944 anlässlich eines Presseapéros mit dem Titel *Vom Sinn der Gitter*. Während des Anlasses erklärte Hediger den anwesenden Medienschaffenden, dass die Tiere im Zoo zahlreichen von den Menschen ausgehenden Gefahren ausgesetzt seien und die Gitter deshalb die Tiere vor dem unvernünftigen Verhalten der Zoobesucherinnen und -besucher schützten. «Wirkliche Tierfreunde auferlegen sich daher gerne dem Tier zu Liebe eine gewisse Reserve»,[415] schlussfolgerte die National-Zeitung im Anschluss an den Presseapéro. In ähnlicher Manier berichtete die Zeitung drei Jahre später über die neu installierten Glasscheiben an den Affenkäfigen. Die «Abschliessung von der Aussenwelt»[416] durch die Glasscheiben war nötig, um die Affen vor Verletzungen durch Fremdkörper, vor Magenbeschwerden oder vor Hineinspucken in die Käfige und einer Ansteckung mit Tuberkulose zu schützen. Die Scheiben sollten auch verhindern, dass den Tieren zerbrechliche Spiegel zugeworfen wurden. Die «Manie, den Affen Spiegel mitzubringen, in der Meinung, die Gefallsucht der possierlichen Tiere zum eigenen Gaudium zu erregen», war, so hiess es in der National-Zeitung, «scheinbar unausrottbar».[417]

Die durch «Unachtsamkeit, Unverstand, Dummheit oder aber auch Gemeinheit der Menschen» verursachte Gefährdung der Zootiere war ständiges Thema in der Öffentlichkeitsarbeit des Zoos.[418] Während eines Presseapéros im Jahr 1949 führte Hediger den Medienschaffenden eine Auswahl an Gegenständen vor, die in den Zoogehegen gefunden worden waren. Mithilfe der Präsentation der Schirme, Handtaschen oder Taschenmesser wollte der Zoodirektor der Presse und der Basler Bevölkerung vermitteln, wie gefährlich ein unachtsames oder unüberlegtes Verhalten für die Zootiere sein konnte.[419] Hediger nutzte das Format des Presseapéros, um das Publikum zu einem respektvollen Umgang mit den Zootieren zu erziehen. Er war der festen Überzeugung, dass in einem zoologischen Garten die Bedürfnisse und das Wohlbefinden der Tiere im Zentrum stehen sollten. Auch Verwaltungsratspräsident Geigy sprach von einem allmählichen «Zurücktreten des menschlichen Primates, d.h. der egozentrischen Einstellung des Tierhalters hinter die Ansprüche des Tieres selbst» und einem wachsenden «Besorgtsein um die Bedürfnisse der uns anvertrauten höheren und niederen Lebewesen».[420] Und Tierpfleger Stemmler mahnte: «Tierschutz heisst: Alle Tiere schützen, und zwar nicht vor ihren natürlichen Feinden, die ja auch Tiere sind, sondern einzig und allein vor dem wirklichen Feind, vor uns Menschen».[421]

Tod durch Überfütterung

Die Fütterung durch das Publikum entwickelte sich bald zum dominanten Thema der vom Zoologischen Garten Basel betriebenen Aufklärungsarbeit. Die durch unkontrollierte Fütterung verursachten Krankheiten und Todesfälle stellten ein gravierendes Problem dar, das sich mit der rasanten Zunahme der Besucherzahlen in der Nachkriegszeit zusätzlich verschärfte. «Ein Zückerchen für das Pferd des Milchmanns schadet noch nichts – wenn aber an Tagen starken Besuchs im Zoologischen Garten nur jeder hundertste Besucher einige Zückerchen verteilt, gibt es Tote!»,[422] schrieb das Basler Volksblatt 1949 alarmiert. Um eine Überfütterung zu verhindern, wurde bei einzelnen, besonders empfindlichen Tierarten wie zum Beispiel den Elefanten zu Beginn der 1950er-Jahre ein Fütterungsverbot eingeführt. An besonders gut besuchten Tagen wurde sogar ein für den ganzen Zoo geltendes Fütterungsverbot verhängt. Der Zooleitung war bewusst, dass Fütterungsverbote wenig willkommen waren, weshalb sie sich in einer Zolli-Mitteilung ausdrücklich bei den Besucherinnen und Besuchern für deren «verständnisvolles» und «diszipliniertes» Verhalten bedankte.[423] Das wachsende Bedürfnis nach Kontakt zu den Tieren war eine Konsequenz der allmählichen Durchsetzung der tierpsychologischen Perspektive im Zoo: Die Tiere wirkten weniger furchteinflössend als früher und die Besucherinnen und Besucher hatten das Bedürfnis, die Zootiere zu streicheln und zu füttern.[424]

Die Angelegenheit der Fütterung bedurfte einer regelmässigen und einfühlsamen Thematisierung in der Öffentlichkeitsarbeit. «Einmal mehr» wurde in der Basler Woche 1952 das Thema der Fütterung durch das Publikum aufgegriffen und die Leserinnen und Leser daran erinnert, «dass zu viel Futter und verdorbenes Futter den Tieren ebenso schädlich ist wie den Menschen».[425] 1953 schrieb Hediger in einem Artikel mit dem Titel *Der Basler Zoo im Vergleich zu ausländischen Tiergärten* dezidiert: «Schlechter Salat, schimmlige Käserinde, verpilztes Brot usw. sind auch für Tiere gefährlich! Wieviel Verluste und Verdauungsstörungen liessen sich vermeiden, wenn die Basler aufhören würden, Abfälle zu füttern!»[426] Trotz der hartnäckig geführten Aufklärungsarbeit schienen viele Zoobesucherinnen und -besucher uneinsichtig und verfütterten den Tieren auch in den folgenden Jahren weiterhin Küchenabfälle.

Wackernagels «neue Wege der Tierernährung»[427]

Eine wichtige Etappe auf dem langen Weg zum 1960 verhängten Fütterungsverbot war der Ausbruch der Maul- und Klauenseuche in der Stadt Basel im März 1954, die für den Zoo ein vorübergehendes Fütterungsverbot zur Folge hatte.[428] Ein anderer Meilenstein war die Anstellung des Zoologen Hans Wackernagel, der ab Mai 1956 als wissenschaftlicher Assistent für alle zoologischen Belange im Basler Tiergarten zuständig war. Eines von Wackernagels Hauptanliegen war die Neuorganisation der Zootierernährung basierend auf wissenschaftlichen Grundlagen: «Wir haben uns nun am Basler Zoologischen Garten entschlossen, für die Ernährung der verschiedenen Tiere einen neuen Weg zu suchen. Die neue Methode wird einfacher und rationeller sein, vor allem aber wird sie, wie wir hoffen, den Bedürfnissen der Tiere besser entsprechen»,[429] schrieb Wackernagel 1956. Inspiriert von der sich im Wandel befindenden Ernährungslehre und von Erfahrungsberichten aus anderen zoologischen Gärten verordnete Wackernagel, dass die Tiere im Zoo mit neuen Futtermischungen versorgt wurden, bei denen sorgfältig auf die Zusammensetzung der Nährstoffe geachtet wurde. Er stützte sich auf die neuste zoologische Forschung, die zeigte, dass die Nahrung aller Tiere aus denselben Nährstoffen bestand, nämlich aus Kohlenhydraten, Eiweissen, Fetten, Mineralien, Vitaminen und Ballaststoffen.[430] Die im Zoo bis anhin verfütterten Rationen waren gemäss Wackernagel zwar «mengenmässig reichlich bemessen […], vielfach aber nicht […] ausgeglichen».[431] Meistens enthielten sie zu viele Kohlenhydrate. Wackernagel ordnete an, dass die «als notwendig anerkannten Nahrungsstoffe» den Zootieren ab sofort «als gemischte Ration» in Form von Würfeln verabreicht wurden (Abb. 34, S. 134).[432] Die Kraftfutterwürfel sollten die Hauptnahrung der Zootiere bilden und wenn nötig durch frisches Obst und Gemüse ergänzt werden. Von der Umstellung auf ein Ernährungssystem, das auf Kraftfutterwürfeln basierte, versprach sich der Zoologe verschiedene Vorteile: «Wir versuchen zurzeit, möglichst weitgehend Presslinge einzuführen, denn diese können gut aufbewahrt werden und sind hygienisch und sparsam im Gebrauch. Für Tiere, die trockene Presslinge nicht annehmen, werden feuchte Mischungen ausgearbeitet.»[433] Wackernagel war davon überzeugt, dass «ein Gemisch meist bekömmlicher und bezüglich Mineralstoffen und Vitaminen ausgeglichener ist als ein Einzelfutter».[434] Da man sich erhoffte, mit der vollwertigen Ernährung Mangelerscheinungen vorbeugen zu können, wurden ab 1956 alle Pflanzenfresser und Wiederkäuer im Basler Zoo – vom Elefanten, Nashorn, Tapir und Zwergflusspferd bis zum Zebra oder Känguru – auf «Rindviehwürfel»[435] umgewöhnt. Die Würfel ersetzten das bisher verabreichte Kraftfutter, das mehrheitlich aus Hafer und Gerste bestanden hatte. Das neue Ernährungssystem hatte positive Auswirkungen auf verschiedene zoologische Aspekte: «Viele Misserfolge in der Tierhaltung, wie Resistenzschwäche gegen Infektionen, Fortpflanzungsstörungen und rascher körperlicher Zerfall der Tiere» waren gemäss Wackernagel auf Nährstoffmangel zurückzuführen.[436] Die Ernährungsumstellung förderte die praktische Krankheitsprophylaxe der Zootiere. Für die Ausarbeitung der neuen Ernährungsmethode hatte Hans Wackernagel mit verschiedenen Spezialistinnen und Spezialisten für die Ernährung von Hoftieren sowie mit dem Institut für Haustierernährung der ETH Zürich und dem Forschungslaboratorium des Zoos in Philadelphia zusammengearbeitet.[437]

Für die Gesundheit der Tiere besonders gefährlich war gemäss Wackernagel die Verfütterung von Brot und Zucker. Brot könne für die Tiere eine «katastrophale Wirkung» haben:[438] Da es zu wenig Ballaststoffe enthalte, würden die Tiere mehr davon zu sich nehmen, als sie verwerten können. Tödlich endende «physiologische Übersättigungen» waren die Folge davon: «Das Überfressen hat in der Regel Verdauungsstörungen, unter Umständen sogar den Tod zur Folge [...]»,[439] meinte Wackernagel. Durch das Verfüttern von Zucker wiederum wurde bei Wiederkäuern der bei der Zelluloseverdauung in Kraft tretende Gärungsvorgang «schwer gestört».[440] Aus diesen Gründen war es im Zoologischen Garten Basel ab 1956 verboten, «ungeeignetes»[441] Futter von zuhause mitzubringen. Damit die Besucherinnen und Besucher aber nicht auf die beliebte Tierfütterung verzichten mussten, konnten sie beim Zooeingang eigens für diesen Zweck zusammengestellte Futtermischungen erwerben:

> «Im Zoo werden deshalb von den ersten Frühlingstagen an Tüten bereitgestellt sein, die mit leichten und für die Tiere unschädlichen Biscuits gefüllt sind. Diese Biscuits zusammen mit Rübli, die je nach Jahreszeit ebenfalls zum Verkauf gelangen, werden es unseren Besuchern bestimmt ermöglichen, ihre Beziehungen zu den Tieren in gewohnter Weise weiter zu pflegen.»[442]

Diese Massnahme war ein Kompromiss, mit dem der Zoo sowohl den Bedürfnissen der Tiere als auch den Erwartungen des Publikums gerecht zu werden versuchte. Im Gegensatz zu anderen zoologischen Gärten entschied man sich in Basel vorerst gegen ein totales Fütterungsverbot. Wackernagel anerkannte, dass die «Herstellung eines möglichst engen

Kontaktes zwischen Besucher und Tier [...] auch in den Aufgabenkreis eines Tiergärtners» gehörte.[443] Mit den vorbereiteten «Biscuits» wählten die Verantwortlichen des Basler Zoos einen «goldene[n] Mittelweg».[444] In einem Brief an alle «Zollifreunde» kommentierte Zoodirektor Lang die Basler Lösung im Mai 1956 wie folgt:

> «Viele Tiergärten sind deshalb in neuester Zeit dazu übergegangen, das Füttern der Tiere durch die Besucher gänzlich zu untersagen. So weit möchten wir allerdings nicht gehen, da wir glauben, dass gerade für Kinder das Füttern der Tiere eine grosse Freude bedeutet und da wir hoffen dürfen, dass sich unsere erwachsenen Freunde in Anbetracht der Gefährdung der Tiere gerne einige Zurückhaltung auferlegen werden.»[445]

Der Zoologische Garten Basel war sich der emotionalisierenden Wirkung der Tierfütterung auf die Beziehung der Menschen zu den Tieren bewusst und verzichtete wohl vor allem aus Furcht vor einem Attraktivitätsverlust zunächst auf ein totales Fütterungsverbot.

Das Fütterungsverbot von 1960

Ob die Zoobesucherinnen und -besucher den Tieren tatsächlich nur das im Zoo gekaufte Futter zusteckten, war für das Zoopersonal schwierig zu kontrollieren. Wackernagel appellierte an die Vernunft des Publikums und bat dieses, aus Rücksicht auf das «Wohlbefinden»[446] der Zootiere, auf das Mitbringen von Leckerbissen zu verzichten. Es sei eine Fehlannahme zu glauben, man bereite den Tieren mit der Verfütterung von «Pralinés»[447] eine Freude. Aufgrund der anhaltenden Überfütterungsschäden sahen sich die Verantwortlichen des Basler Zoos 1960 schliesslich trotzdem gezwungen, die Fütterung durch das Publikum wie in den meisten anderen europäischen Zoos komplett zu verbieten. Die 1956 eingeführte Massnahme hatte sich als zu wenig effizient erwiesen: Nach wie vor brachten Besucherinnen und Besucher eigenes Futter mit und auch die im zoologischen Garten zu erwerbenden Futtermischungen führten zu Überfütterungen. In einer Pressemitteilung begründete Lang die Einführung des Verbots mit der fehlenden Kompatibilität der Tradition der Fütterung mit der «modernen Fütterungsmethode»[448] Wackernagels:

> «Wir haben uns das System der vollwertigen und ausgewogenen Mischfutterrationen zu eigen gemacht und damit nicht zuletzt zu unseren Erfolgen in der Erhaltung von exotischen Tieren beigetragen und weithin Anerkennung gefunden. Nun, dieses Bestreben einer streng kontrollierten Ernährungsweise der Zootiere verträgt sich leider schlecht mit einer zusätzlichen Fütterung durch die Gartenbesucher.»[449]

Die Reaktionen auf die Einführung des Fütterungsverbots fielen unterschiedlich aus. Viele Stimmen befürworteten den Entscheid – das Basler Volksblatt sprach von einem «längst fälligen Schritt».[450] Eine Zoobesucherin bedankte sich mit einem Brief «im Namen aller wahren Tierfreunde» bei der Direktion für die Einführung des Verbots.[451] Sie hoffte, dass sich nun auch jene Besucherinnen und Besucher, die bezüglich der Fütterung eine «Spezialbewilligung» zu besitzen glaubten, bald an das Verbot halten würden, «die Vernunft siegen [...] und sich der reiche und schöne Tierbestand [des] Gartens ungefährdet entwickeln» könne.[452] Auch andere Befürworterinnen und Befürworter des Fütterungsverbots ärgerten sich über das ‹unvernünftige› Füttern durch einzelne Besucherinnen und Besucher.

Obschon das Echo auf den Beschluss dank der umfassenden Vermittlungsarbeit des Zoos mehrheitlich verständnisvoll war, konnten sich einige Besucherinnen und Besucher trotzdem nur schwer daran gewöhnen, die Tiere im Zoo nicht mehr füttern zu dürfen. Vor allem den Jahresabonnentinnen und -abonnenten, die ihren Lieblingstieren seit vielen Jahren regelmässig Leckerbissen mitbrachten, schien die Einhaltung des Fütterungsverbots schwerzufallen. Ein treuer Zoobesucher entschuldigte sich nach einer Konfrontation mit einem Tierpfleger beim Zoodirektor persönlich für die Missachtung des Fütterungsverbots:

> «Bin ein eifriger Zoo-Besucher mit einem Jahres-Abonnement. Habe die Plakate schon unzählige Male gelesen, worauf ersichtlich ist, dass man die Tiere nicht mehr füttern soll. Leider passierte mir am 13. Nov. aber doch das Missgeschick, denn ich hatte nicht mehr daran gedacht, dass das Füttern nicht mehr gewünscht wird. Hatte den Wildschweinen einen geteilten Apfel vorgeworfen.»[453]

Dass es sich bei diesem Beispiel nicht um einen Einzelfall handelte, zeigt Langs Reaktion auf eine ähnliche Episode:

> «Wir sind doch immer wieder erstaunt, dass gerade unsere Abonnenten, die doch unsere Tiere sowohl als auch deren Bedürfnisse am besten kennen, das Fütterungsverbot in unserem schönen Zolli am meisten umgehen und immer wieder sehen wir liebe und treue Abonnenten und Abonnentinnen, die die Tiere füttern, obwohl wir doch inständig darum bitten, dies zu unterlassen [...].»[454]

Auch die Zeitungsartikel aus den frühen 1960er-Jahren zeugen davon, dass die Fütterung durch das Publikum auch nach Einführung des Fütterungsverbots noch immer ein Problem darstellte. Nach wie vor gab es im Basler Zoo «‹Tierfreunde› [...], die allen Kabis, verschimmeltes Brot und wer weiss was für Giggernillis» verfütterten und nicht begriffen, «dass sie so die Gesundheit, ja das Leben der Zollibewohner» gefährdeten,[455] hiess es in der Basler Woche. Rund fünfzehn Jahre, nachdem der Zoo begonnen hatte, sein Publikum für die Gefahren der Fütterung zu sensibilisieren, schien er diesem noch immer erklären zu müssen, weshalb den Tieren ein grösserer Dienst getan sei, wenn man ihnen kein Futter mitbrachte:

> «Wenn wir darauf aufmerksam machen, dass durch die Publikumsfütterung oft Schaden gestiftet werde, müssen wir immer wieder hören, dass die armen Rehlein (dabei sind es Damhirsche!) sooo hungrig seien und das (meistens graue) Brot sooo gerne haben. Das Füttern von Brot ist nun einmal für Tiere gefährlich [...]. Wir sind jedem Zollibesucher dankbar, wenn er uns hilft, unvernünftige ‹Tierfreunde› vom Füttern abzuhalten.»[456]

Welche Konsequenzen eine Missachtung des Fütterungsverbots hatte, geht aus den Quellen nicht hervor. Die überlieferte Korrespondenz verweist auf zahlreiche Konflikte zwischen einzelnen Zoobesucherinnen und -besuchern und dem im zoologischen Garten arbeitenden Personal. Trotz der Bestrebungen, die Tierhaltung zu verwissenschaftlichen und die Zootierernährung zu professionalisieren, zeigte man sich im Zoologischen Garten Basel bemüht, den aufeinandertreffenden Interessen und Erwartungshaltungen in einer aufwendigen, mehrjährigen Vermittlungsarbeit zu begegnen.

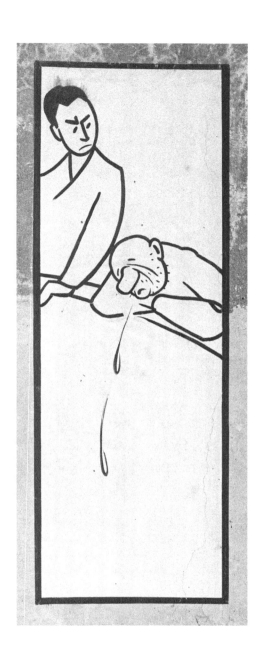

[31] Ab 1944 an den Gehegen im Zoologischen Garten Basel angebrachte Karikaturen. Mit den Schildern sollten die Zoobesucherinnen und -besucher zu anständigem Benehmen ermahnt werden.

[32] Ein junger Zoobesucher füttert ein Zebra mit der Futtermischung vom Kiosk, 1950er-Jahre.

[33] Ernst Lang mit Journalistinnen und Journalisten an einem Presseapéro zum Thema Tierernährung vom 16. Dezember 1953.

[34] Ein Davidshirsch frisst das im Zoologischen Garten Basel in den 1950er-Jahren eingeführte Würfelfutter. Der damalige wissenschaftliche Assistent und spätere Vizedirektor Hans Wackernagel verfügte, dass die Kraftfutterwürfel neu zur Hauptnahrung der Basler Zootiere werden sollten.

[35] Besucherinnen im Eingangsbericht des Zoos bei der Abgabe von mitgebrachtem Tierfutter. Ab 1956 durfte im Zoologischen Garten Basel nur noch das an den Kiosken innerhalb des Zoogeländes zu erwerbende Spezialfutter verfüttert werden.

VERWENDUNG VON BROTRESTEN IN DER HAUSHALTUNG

Im Zoologischen Garten wird in Zukunft kein Brot mehr an die Tiere verfüttert. Die neuzeitliche Tierernährungslehre hat gezeigt, dass der Wert von Brot beschränkt ist. Brot, in grösserer Menge verfüttert, wirkt dickmachend und wir wollen ja keine fetten Tiere ausstellen. Ausserdem können übermässige Brotgaben bei Wiederkäuern den Tod zur Folge haben.

Diese kleine Sammlung von Rezepten, die uns vom Elektrizitätswerk in verdankenswerter Weise zur Verfügung gestellt wurde, soll unsere Besucher anleiten, das alte Brot im Haushalt selber zur Befriedigung aller Beteiligten nützlich zu verwenden.

1. <u>Brotsuppe</u> für 4 Personen

    2 Esslöffel Fett erhitzen und ca. 60 gr altes Brot, klein gebrochen, darin leicht rösten. 1 feingehackte Zwiebel mitdämpfen. Alles mit 1½ lt Flüssigkeit ablöschen, Salz und Gewürz beigeben. Kochzeit 20 - 30 Min.
    Suppe passieren und nochmals aufkochen.
    Feingeschnittenen Schnittlauch beigeben.

2. <u>Brotauflauf</u> für 4 Personen

    300 gr Brotresten mit 6 dl heisser Milch übergiessen, stehen lassen und nachher durch die Hackmaschine treiben. 40 gr Butter schaumig rühren, 80 gr Zucker, 3-4 Eigelb und ½ abgeriebene Zitronenschale mitrühren, 30 gr geriebene Haselnüsse, 40 gr Sultaninen unter die gerührte Masse mischen. Das durchgetriebene Brot beigeben. 3-4 Eiweiss zu Schnee schlagen und mit obiger Masse vermischen. Alles in eine ausgebutterte Auflaufform einfüllen. Backen: Vorheizen 10 Min., Backzeit 45 - 50 Min.

3. <u>Ramequins</u>

    In eine ausgebutterte Auflaufform schichtet man abwechslungsweise Brotscheiben von 1 cm Dicke und ½ cm dicke Tranchen von Emmentaler Käse. Darüber giesst man einen Guss aus einem halben Liter Milch zwei verklopften Eiern, etwas Salz und Muskat. Backen: Vorheizen 15 Min., Backzeit ca. 30 Min.

4. <u>Vogelheu</u>

    1 Teller feingeschnittenes Brot, 40 gr Butter, 4 Eier, 3 Löffel Rahm, Salz. Das Brot in der Butter weich rösten; Eier, Rahm und Salz verklopfen, über das Brot giessen und so lange in der Pfanne erhitzen, bis die Eier fest geworden sind.

    Eine leckere Variante von Vogelheu ist "Oepfelgschmäus". Zu seiner Herstellung werden anstatt Eier gekochte Aepfel beigemischt und das Ganze mit Zucker bestreut.

5. <u>Bettelmann</u> für 4 Personen

    Gute Verwendung von gedörrtem, gemahlenem Brot. 250 gr gedörrtes, gemahlenes Brot in 60 gr Fett leicht rösten, 3 Esslöffel Zucker und 1 abgeriebene Zitronenschale daruntermischen. 1 Glas sterilisierter Früchte. Brot und Früchte lagenweise in eine ausgebutterte Auflaufform einfüllen. Einige Butterstückli darauf verteilen. Backen: Vorheizen 15 Min., Backzeit 30 - 40 Min.

[36] Eine Sammlung von Rezepten, mit der die Zoobesucherinnen und -besucher angeleitet wurden, altes Brot im Haushalt selber zu verwerten. Ab 1956 war es im Zoologischen Garten Basel verboten, den Tieren Haushaltsabfälle zu verfüttern.

Blick auf die Gegenwart: Tierernährung

Der folgende Text basiert auf einem Gespräch mit Christian Wenker, leitender Zootierarzt im Zoo Basel, vom 16.1.2020 und repräsentiert in erster Linie die Sicht des Zoos.

Der Zoo Basel behandelt die Tierernährung heutzutage als ein Spezialgebiet der Zootiermedizin. Aufgrund der neusten wissenschaftlichen Erkenntnisse erstellen die Zootierärztin Fabia Wyss und der Zootierarzt Christian Wenker für alle Zootiere einen differenzierten Futterplan, mit dem die Mitarbeitenden der Tierpflege über die zu verfütternden Rationen instruiert werden. In Basel sind neben dem Tierarzt ein Futtermeister, ein Metzger und ein Chauffeur für die Versorgung der Zootiere mit qualitativ hochstehender Nahrung zuständig.

Was fressen die Tiere im Zoo?

Der Zoo Basel bezieht für die Fütterung seiner Tiere Lebensmittel, die auch an Supermärkte geliefert werden. Man sei darauf bedacht, möglichst lokal einzukaufen und pflege einen guten Kontakt zu diversen Landwirtschaftsbetrieben in der Region, sagt Wenker. Gewisse Produkte, wie beispielsweise Löwenzahn, werden eigens für den Zoo angebaut. Das Fleisch wird entweder von Metzgereien oder Hühnerzuchten bezogen oder im Zoo selbst geschlachtet, die Fische stammen aus der Ost- und Nordsee sowie aus den schweizerischen Seen. Ausserdem betreibt der Zoo Basel eine eigene Nager- und Insektenzucht, mit der er für den Eigenbedarf Mäuse und diverse Insektenarten züchtet.

Bei der Nahrung, die der Zoo seinen Tieren zur Verfügung stellt, handle es sich um eine Ersatzdiät: Es sei nicht möglich, den Tieren exakt die gleiche Kost anzubieten, die sie in der freien Wildbahn verzehren würden, meint Wenker. So fressen zum Beispiel die Zebras im Zoo nicht dasselbe Savannen-Gras, das sie in ihrem natürlichen Lebensraum vorfinden würden, sondern das energiereiche Heu, das für einheimische Nutztiere angebaut wird. Damit die Zebras, die sich im Zoo weniger bewegen als in der Wildnis, nicht übergewichtig werden, wird ihnen mit Stroh vermischtes Heu oder Heu mit grossem Raufaseranteil verfüttert. Die Giraffen erhalten im Winter konserviertes Laub oder das kleine Blätter enthaltende

Luzerne-Heu. Dass Pflanzenfresser nicht gleich Pflanzenfresser ist und Giraffen lieber Blätter als Heu fressen, sei in Zoos früher nicht immer berücksichtigt worden. Die heutige Zootierernährung sei das Ergebnis eines langen Prozesses wissenschaftlicher Forschung, empirischer Erfahrung und regen Austauschs zwischen zoologischen Gärten und Ernährungsspezialistinnen und -spezialisten. Die Futterpläne für die einzelnen Tierarten würden regelmässig überprüft und angepasst, insbesondere dann, wenn gesundheitliche Probleme auftreten oder die Tiere Mangelerscheinungen aufweisen. Im Gegensatz zur Nachkriegszeit seien Mangelerscheinungen heute allerdings kaum mehr ein Thema, sagt Wenker. Die aktuellen Herausforderungen bei der Ernährungsfrage seien eher logistischer Natur: Es sei nicht immer einfach, den Überblick über die komplexen Futterpläne zu behalten. Auch die Faktoren Kosteneffizienz und Saisonalität im Angebot seien manchmal nur schwer zu vereinbaren.

Gemäss Wenker gibt es durchaus noch immer Tierarten, über deren Fressgewohnheiten in der freien Wildbahn man nur wenige Kenntnisse besitzt. So würden zum Beispiel kaum Studien existieren, die über die Ernährung der im westlichen Afrika beheimateten Zwergflusspferde Auskunft geben. Durch die Erforschung des Verdauungstrakts der Tiere versuche man, sich an eine geeignete Ersatzdiät anzunähern. Auch bei kleineren Vögeln oder Reptilien seien es in erster Linie empirische Erfahrungen aus Zoos, welche die Grundlage für die Ernährung liefern.

Das Erbe Wackernagels

Die Einführung der ursprünglich für Nutztiere entwickelten Futterwürfel durch Hans Wackernagel stellte im Zoologischen Garten Basel in den 1950er-Jahren eine revolutionäre Massnahme dar. Im Basler Zoo werden die Futterpläne noch heute mit Futterwürfeln, sogenannten Pellets, ergänzt. Die Rezepturen dieser Futterpellets sind an die spezifischen Bedürfnisse der einzelnen Tierarten angepasst und sollen zu einer möglichst vollwertigen Ernährung beitragen.[457] Heute werden die Futterpellets gemäss Wenker allerdings viel sparsamer eingesetzt als noch in den 1950er- und 1960er-Jahren. Die Ernährungsspezialistinnen und -spezialisten der zoologischen Gärten seien von der Überzeugung abgekommen, dass die Fütterung mit Kraftfutterwürfeln sämtliche Bedürfnisse der Tiere zu befriedigen vermag. In einer Zeit, in der Mangelerscheinungen bei Zootieren noch üblich waren und man nur sehr wenig über die Fressgewohnheiten einzelner Tierarten wusste, schienen die Würfel, die alle lebensnotwendigen Nährstoffe beinhalteten, die perfekte Lösung für die Zootierernährung. Heute verwende der Zoo Basel die Pellets vor allem, um Schwankungen im Gehalt wichtiger Bestandteile an Mineralien und Vitaminen im Raufutter auszugleichen. Im Gegensatz zur Nachkriegszeit, als viele Zootiere mangelernährt waren, bestehe heute eher die Gefahr, dass sich die Zootiere zu nährstoffreich ernähren, meint Wenker. Aus diesem Grund dürfe im Zoo Basel zum Beispiel bei den Wiederkäuern die Menge der verfütterten Kraftfutterwürfel nicht mehr als ein Drittel der Tagesration des Futters umfassen. Damit die empfindliche Magen-Darmflora nicht ungünstig beeinflusst werde, müssten mindestens zwei Drittel Raufutter (Heu, Gras, Stroh, belaubte und unbelaubte Äste etc.) sein.

Futterpellets würden auch Nachteile aufweisen, die für das Wohlbefinden der Tiere relevant seien, fügt Wenker an: Bei der Fütterung müsse das artspezifische Verhalten der einzelnen Tiere berücksichtigt werden. Gemäss Tierschutzverordnung ist den Zootieren «die mit der Nahrungsaufnahme verbundene arttypische Beschäftigung zu ermöglichen».[458] Tiere, die sich in der freien Wildbahn viele Stunden am Tag mit der Suche nach Nahrung aufhalten, seien durch die Fütterung mit Pellets nicht ausreichend beschäftigt. Zu entrindende Äste oder Raufutter würden den pflanzenfressenden Tieren mehr Abwechslung bieten als die rasch verzehrten Futterpellets. Damit die Würfel die Tiere dennoch beschäftigen, werden sie heute nicht mehr in Gefässen serviert, sondern im Gehege verstreut. Neue Gehege würden so gebaut, dass den Tieren eine abwechslungsreiche Futtersuche ermöglicht wird. Grundsätzlich investiere der Zoo Basel heute deutlich mehr finanzielle und vor allem zeitliche Ressourcen in die Tierernährung als früher.

Verfütterte Tiere

Den Raubtieren im Zoo Basel werden unter anderem tote Tiere verfüttert. Gemäss Wenker ist die Verfütterung von ganzen Kadavern aus tiermedizinischer Sicht wichtig, da beim Zerlegen eines gesamten Tieres viele wichtige Nährstoffe aufgenommen werden. Insbesondere für heranwachsende Tiere ermöglicht die sogenannte ‹Ganzkörperfütterung›, dass zahlreiche Nährstoffe verfüttert werden können. Im Gegensatz zu reinem Muskelfleisch, das kaum Mineralstoffe enthält, liefern die Knochen und Sehnen eines toten Tieres viel Kalzium und Phosphor im richtigen Verhältnis. In der Leber eines toten Tieres sind unter anderen die lebenswichtigen A- und D-Vitamine gespeichert und der Magen-Darmtrakt enthält B-Vitamine. Wenker befürwortet die Verfütterung von Kadavern nicht nur aus ernährungsphysiologischen Gründen, sondern auch darum, weil das Zerlegen die Zootiere beschäftige, sie ihr natürliches Verhaltensrepertoire ausleben lasse und Gelegenheit für eine mechanische Zahnreinigung biete.

Ab und zu werden den Raubtieren im Zoo Basel auch geschlachtete Zootiere verfüttert. Die toten Tiere, für die der Zoo keine Verwendung mehr hat, werden vorgängig sorgfältig auf allfällige Krankheiten untersucht. Wenker erzählt, dass es durchaus Besucherinnen und Besucher gebe, die mit Unverständnis auf die Verfütterung von Zootieren reagieren würden. Am heftigsten würden die Reaktionen meistens dann ausfallen, wenn noch zu erkennen sei, um was für ein Tier es sich handle. Er erwähnt ein Beispiel aus dem Kopenhagener Zoo, wo die Tötung der Giraffe Marius im Jahr 2014 für einen medialen Aufschrei gesorgt habe.[459] Der Kopenhagener Zoo konnte den gesunden Giraffenbullen nicht behalten, weil er die für das Zuchtprogramm notwendige genetische Vielfalt nicht gewährleistete.[460] Da kein geeigneter Platz für die Giraffe gefunden werden konnte, wurde das Tier getötet und an die Löwen verfüttert. Die Zoobesucherinnen und -besucher konnten der vorgängigen Sektion auf Anmeldung beiwohnen. Das Ereignis schlug international hohe Wellen und sorgte für Protest. Der Zoo Basel befürworte die Tötung und Verfütterung ‹überzähliger› Zootiere, wenn für die Tiere kein guter Platz gefunden werden könne, aber gehe in dieser Angelegenheit mit Fingerspitzengefühl vor, meint Wenker. Wenn in Basel ein totes Huftier an die Löwen verfüttert werde, geschehe dies unter Anwesenheit einer Fachperson, die dem Zoopublikum den Vorgang erklären und allfällige Fragen beantworten könne. Man habe in Basel die Erfahrung gemacht, dass die Zoobesucherinnen und -besucher die Verfütterung von ganzen Kadavern an fleischfressende Zootiere grundsätzlich gutheissen, sofern man ihnen erkläre, weshalb diese Massnahme aus zoomedizinischer Sicht sinnvoll sei.

Nähe durch Fütterung

Das Zoopublikum von heute halte sich beinahe ausnahmslos an das geltende Fütterungsverbot, meint Wenker. Einzig bei Touristinnen und Touristen, die es gewohnt seien, die Tiere im Zoo füttern zu dürfen, komme es von Zeit zu Zeit zu einer Missachtung des Verbots. Vermeintliche Leckerbissen, die unerlaubterweise in den Gehegen landen, könnten schnell die ausgeklügelten Ernährungspläne der Tiere durcheinander bringen. Es käme auch immer mal wieder vor, dass Besucherinnen und Besucher die Tiere mit Zweigen von Sträuchern oder Bäumen aus der Gartenanlage füttern. Dies sei deshalb sehr gefährlich, weil im Zoo auch giftige Pflanzen wie der Buchs oder die Eibe wachsen.

Man werde immer wieder gefragt, weshalb es bei den Raubtieren im Zoo Basel keine fixen Fütterungszeiten mehr gebe. Der Verzicht auf festgelegte Fütterungszeiten sei ein Entscheid für das Wohl der Tiere und gegen die Erwartungen der Besucherinnen und Besucher, sagt Wenker. Man wolle verhindern, dass sich die Zootiere auf eine bestimmte Zeit einstellen können und während des Wartens auf das Futter ‹Stereotypien› (stereotype Verhaltensweisen) entwickeln. In den vergangenen Jahrzehnten habe sich nicht nur die Distanz zwischen den Besucherinnen und

Besuchern und den Tieren, sondern auch die Distanz zwischen dem Personal und den Tieren zunehmend vergrössert, weshalb das Publikum heute mehrheitlich auf solche Unterhaltungsmomente verzichten müsse. Eine Möglichkeit, im Zoo Basel auch heute noch beobachten zu können, wie das Personal die Tiere füttert, biete das tägliche Seelöwen-Training. Allerdings habe der Zoo Basel inzwischen auch beim Seelöwen-Training den Anspruch, dem Publikum mehr als eine reine Unterhaltungsshow zu bieten, betont Wenker. Zwar zeigten die Seelöwen während des Trainings durchaus das eine oder andere zirkuswürdige Kunststück, dem Publikum würden während der Fütterung aber auch Informationen über die Tiere vermittelt. Es handle sich um eine ‹Gebrauchsdressur›, während der die Seelöwen beispielsweise dazu trainiert würden, für medizinische Untersuchungen stillzuhalten oder das Maul zu öffnen.

Die Auseinandersetzung mit der Thematik der Tierernährung im Zoo Basel zeigt, wie hoch die Gesundheit der Zootiere heute gewichtet wird. Aus tiermedizinischer Sicht erscheint es sinnvoll, dass es den Zoobesucherinnen und -besuchern nicht mehr möglich ist, über Fütterung Nähe zu den Tieren aufzubauen. Neben der Quarantäne, der Sektion von toten Tieren und den Parasiten- beziehungsweise Impfprogrammen gehört die tiergerechte Ernährung zu den wichtigsten Pfeilern der Gesundheitsprävention bei Zootieren. Dank der wissenschaftlichen Erkenntnisse der vergangenen Jahrzehnte ist es gelungen zu verhindern, dass die Basler Zootiere an Fehl- oder Mangelernährung leiden. Die Massnahmen, die dazu führten, wurden nicht selten auf Kosten der Bedürfnisse des Publikums eingeführt. Im Gegensatz zu der Nachkriegszeit werden bei der Tierernährung zwischen den Erwartungen des Publikums und den Bedürfnissen der Tiere immer weniger Kompromisse gemacht. Die Fütterung der Zootiere mit Haushaltsabfällen wäre für die meisten Zoobesucherinnen und -besucher heute allerdings auch unvorstellbar.

    Auch die einst spektakuläre Seelöwen-Fütterung wurde in den letzten Jahren zu einem pädagogischen Anlass umdefiniert, bei dem nicht mehr das Unterhaltungsmoment alleine im Zentrum stehen soll. Ob ein tägliches Training auch dann noch durchgeführt werden würde, wenn das beinahe hundertjährige Seelöwenbecken mit der grossen Zuschauertribüne durch eine moderne Anlage ersetzt wird, bleibt fraglich.

Dressierte Elefanten

Bereits anlässlich seines 75-jährigen Jubiläums im Jahr 1949 hatte der Zoologische Garten Basel verlauten lassen, bald mit dem Bau einer neuen Elefantenanlage zu beginnen.[461] Hediger wollte das alte Elefantenhaus aus dem 19. Jahrhundert abreissen und durch ein modernes, funktionalistisches Gebäude mit grosszügiger Aussenanlage ersetzen (Abb. 25, S. 96). Für die neue Anlage planten der Zoodirektor und der Verwaltungsrat die Anschaffung einer Gruppe junger Elefanten, die im Sinne der Tiergartenbiologie, zusammen mit der bereits im Zoo lebenden Asiatischen Elefantenkuh, im Herdenverband gehalten werden sollten.

‹Unsere Elefäntli›

Die perfekte Gelegenheit für den Erwerb junger Elefanten bot sich 1952, als sich der Zirkus Knie mit der Bitte an den Zootierarzt Ernst Lang wandte, dem Zirkus einen Afrikanischen Elefanten zu beschaffen. Lang war damals auch für die veterinärmedizinische Betreuung der Tiere im Zirkus Knie zuständig. Der schweizerische Nationalzirkus und der zoologische Garten pflegten einen intensiven Kontakt und tauschten auch untereinander Tiere aus. So hatte der Zoo zum Beispiel im Jahr 1939 das Tigerweibchen Fanny vom Zirkus übernommen. Im Frühjahr 1946 hatte man im Basler Zoo das berühmte Nilpferd Ödipus aus dem Zirkus Knie bestaunen können. Das Nilpferd war samt Zirkuswagen für einige Monate zu Besuch im Zoo gewesen und dem Zoopublikum in einer Sonderschau zusammen mit dem neugeborenen Zwergflusspferd Fullah präsentiert worden.[462] Der Zoo und der Zirkus versorgten sich nicht nur gegenseitig mit Tiermaterial, aufgrund personeller Verbindungen wuchs auch der Informationsaustausch zwischen den Institutionen. Der Zirkus Knie hatte sich für die Beschaffung eines neuen Elefanten an Lang gewandt, weil dieser mit August Künzler, einem in der britischen Kolonie Tanganjika (dem heutigen Tansania) tätigen Grosswildhändler, bekannt war. Verwaltungsratspräsident Geigy ergriff die Gelegenheit und beauftragte Lang damit, persönlich nach Ostafrika zu reisen und auch für den zoologischen Garten eine Gruppe von Elefanten zu beschaffen.

Da Künzler 1952 nur zwei weibliche Jungtiere im Angebot hatte, konnte Lang mit Ruaha und Idunda für den Zoo nur zwei Elefantenkühe erwerben. Als Kompensation kaufte er mit Katoto und Omari gleich zwei junge Elefantenbullen.[463] Gemeinsam mit dem für den Zirkus Knie bestimmten Bullen Tembo wurden die kaum ein Jahr alten Elefanten, die im Auftrag von Künzler in der Ruaha-Ebene gefangen worden waren, in Tansania gezähmt und an eine Futterhaltung gewöhnt. Nach mehrwöchigem Aufenthalt bei Künzler reiste Lang mit den fünf Elefanten mit dem Schiff durch den Suezkanal bis nach Genua. Die Reise dauerte einen Monat. Die vom Tierarzt persönlich betreuten Elefanten waren einzeln in Kisten untergebracht, durften sich aber von Zeit zu Zeit unter Langs Aufsicht frei auf dem Schiffsdeck bewegen. Von Genua aus reisten Lang und die Elefanten mit dem Zug weiter. Sie erreichten die Schweiz im November 1952 (Abb. 37, S. 151). Bis die neue Elefantenanlage fertig gestellt war, mussten die vier für den zoologischen Garten bestimmten Tiere vorübergehend im Pflanzenkeller des Zoos untergebracht werden. Wenige Monate nach seiner Rückkehr aus Ostafrika übernahm Lang die frei gewordene Stelle als Direktor des Zoologischen Gartens Basel. Der aufsehenerregende Ankauf junger Afrikanischer Elefanten markierte gleichzeitig den Beginn der erfolgreichen Amtszeit Langs als Zoodirektor wie auch den Anfang einer neuen Ära der Elefantenhaltung im Basler Zoo.

Lang wollte die vier aus Ostafrika importierten Elefanten als Gruppe zusammenleben lassen, unter anderem mit dem Ziel, in einigen Jahren Nachwuchs züchten zu können. Die Haltung von Afrikanischen Elefanten galt als sehr schwierig. Eine Einzelhaltung war für die sozialen Elefantenkühe nicht möglich und Bullen wurden, «weil man ihnen keine dauernde Zahmheit und Zuverlässigkeit zutraute»,[464] nur äusserst selten angeschafft. 1932 war der erste Afrikanische Elefant im Zoologischen Garten Basel zu sehen gewesen: Matadi lebte gemeinsam mit einem Asiatischen Elefanten im alten Elefantenhaus. Die Haltung der vier jungen, aus der Wildnis importierten Afrikanischen Elefanten war für die Tierpfleger im Basler Zoo eine grosse Herausforderung. Mit dem 22-jährigen Werner Behrens engagierte der Zoo einen Elefantenspezialisten, der die Verantwortung für die kleine Herde tragen sollte. Behrens war im Hagenbecker Tierpark von dem renommierten Elefantenpfleger und Tierlehrer Josef Hack ausgebildet worden, der auch für den Zirkus Knie arbeitete. Nicht nur Lang pflegte Kontakte zu Hack, sondern auch der ehemalige Direktor Hediger, der aufgrund seines Interesses für Dressur in den 1930er-Jahren für mehrere Forschungsaufenthalte nach Hamburg gereist war. Gemeinsam mit Behrens, der bald zu «einem der qualifiziertesten Elefantenwärter weltweit» werden sollte,[465] kam aus Hamburg auch ein zusätzliches Elefantenweibchen nach Basel. Mit der circa einjährigen Beira versuchten die Verantwortlichen des Zoos das suboptimale Geschlechterverhältnis innerhalb der Basler Elefantenherde zu korrigieren. Unter Behrens' Leitung entwickelten sich die jungen Elefanten – von Zoo und Presse liebevoll «unsere Elefäntli»[466] genannt – bald zu einem der beliebtesten Publikumsmagneten im Basler Zoo. Indem sie in der Öffentlichkeitsarbeit regelmässig und ausführlich über das Heranwachsen der jungen Elefanten berichteten, liessen die Verantwortlichen des Zoos die Bevölkerung am Gedeihen der Tiere teilhaben.

Bewegungs- und Beschäftigungstherapie

Zoodirektor Lang wollte den Elefanten, die in der freien Wildbahn täglich viele Kilometer zurücklegen, auch in Gefangenschaft möglichst viel Auslauf bieten. Begleitet von den Tierpflegern verliessen die jungen Elefanten deshalb regelmässig das Zoogelände und unternahmen ausgedehnte Spaziergänge. Einmal pro Woche machten die Elefanten einen Ausflug in den nahe gelegenen Allschwiler Wald, wo sie frei herumlaufen und spielen durften (Abb. 40, S. 156). Bei ihren Stadtspaziergängen hatten die ‹Elefäntli› gelernt, sich mit dem Rüssel am Schwänzchen des vor ihnen marschierenden Tieres festzuhalten. Einmal pro Monat spazierten die fünf Elefanten so in die Basler Markthalle, wo sie gewogen wurden. Die Tiere gewöhnten sich bald an den Verkehrslärm und entwickelten sich zu einem vertrauten Bestandteil des Basler Stadtbildes. Die Aufnahmen von den Elefantenspaziergängen durch die Innenstadt zeigen, wie stark der Zoologische Garten Basel in den 1950er-Jahren mit dem urbanen Raum verschränkt war (Abb. 38, S. 152/153).

Da Lang überzeugt davon war, dass sich Bewegungsmangel und fehlende Beschäftigung negativ auf die Gesundheit der in Gefangenschaft lebenden Elefanten auswirkten, wurden die Tiere für verschiedene Arbeiten im Zoo eingespannt. Insbesondere die beiden Bullen halfen dem Zoopersonal beim Fällen von Bäumen, beim Schneepflügen oder beim Stossen schwerer Fahrzeuge.[467] Die Aktivitäten waren Teil der «Arbeitstherapie»[468], welche der Zoo den Elefanten auferlegt hatte. Unter der Anleitung von Behrens führten die Tierpfleger zur Erleichterung der Elefantenhaltung im Herdenverband eine sogenannte ‹Gebrauchsdressur› ein. In *Wildtiere in Gefangenschaft* aus dem Jahr 1942 hatte Hediger die Nützlichkeit einer Gebrauchsdressur mit der aus der Verhaltensforschung stammenden Idee der Verhaltensanreicherung *(behavioral enrichment)* begründet.[469] Hediger vertrat die Ansicht, dass in Gefangenschaft gehaltene Elefanten Gefahr liefen, zu «verblöden[,] wenn sie einfach in einen Käfig gesperrt und sich selbst überlassen» wurden.[470] «[G]esunde Bewegung im Sinne einer Aktivitätstherapie» sollte zum Wohlbefinden der Zoo-Elefanten beitragen.[471] Mithilfe der Dressur wurden den jungen Elefanten rund zwanzig einfache Kommandos beigebracht, die diese zähmen und eine gefahrlose Pflege ermöglichen sollten. Während der täglich als «Gehorsamsübung und Appell»[472] durchgeführten Dressureinheit lernten die Tiere, auf ihre Namen zu reagieren und sich entsprechend den Anweisungen der Tierpfleger zu bewegen. Behrens führte im Basler Zoo die ihm aus dem Hagenbecker

Tiergarten bekannte Methode der «zahmen Dressur»[473] ein, während der die Tiere mit Futter belohnt wurden, wenn sie die Dressurübungen richtig ausführten. Dank der täglichen Dressurübungen gestaltete «sich das Verhältnis zwischen Tier und Wärter immer inniger»; es entstand ein «gegenseitiges Vertrauen» und es festigte sich «ein unbedingter Appell»,[474] meinte Lang. Mit zunehmendem Alter wurden den Elefanten auch komplexere Dressurübungen beigebracht: Die Tiere lernten, einen einzelnen Fuss anzuheben, auf ein Podest zu steigen, den Rüssel hochzuheben sowie sich zu drehen oder hinzusetzen.[475]

Erstmals öffentlich vorgeführt wurden die Dressurübungen anlässlich eines Presseapéros im August 1955. Lang wollte dem Zoopublikum, das die Elefantendressur bisher vor allem aus dem Zirkus kannte, vermitteln, inwiefern eine im Sinne der Tiergartenbiologie durchgeführte Gebrauchsdressur die Elefantenhaltung bereicherte. Er war bemüht, den Zoobesucherinnen und -besuchern zu demonstrieren, wie gesund und zufrieden die jungen Elefanten im Basler Zoo lebten. Der Zoodirektor betonte nachdrücklich, wie fortschrittlich die Basler Elefantenhaltung war, hatten Afrikanische Elefanten im Gegensatz zu ihren asiatischen Artgenossen doch bisher als nicht dressierbar gegolten.[476] Die National-Zeitung erklärte ihren Lesenden im Anschluss an die Presseführung vom August 1955, dass die Elefanten nur dank der strengen Dressurübungen «auf die Dauer als ungefährliche Tiere» im Zoo gehalten werden konnten.[477] Die Gebrauchsdressur würde verhindern, dass die Elefanten «mit zunehmendem Alter bösartig» wurden.[478] Die «Bösartigkeit» von Elefanten war für zoologische Gärten eine präsente Gefahr: Immer wieder mussten in Zoos Elefanten getötet werden, weil sie Mitarbeitende der Tierpflege angegriffen hatten. Im Basler Zoo hatte 1928 die Elefantenkuh Miss Jenny getötet werden müssen, da sie zwei Menschen angegriffen und tödlich verletzt hatte.

In der Berichterstattung über den Zoo wurden der Fleiss und der Arbeitseifer der fünf jungen Elefanten betont. Die National-Zeitung bezeichnete die Elefanten als «ausserordentlich gelehrige Schüler».[479] Die Metapher der «Elefantenschule»[480] tauchte in der Öffentlichkeitsarbeit des Zoos wiederholt auf. Die strenge Erziehung, welche die Elefanten seit ihrer frühsten Kindheit durchliefen, sollte die Tiere für die Zoohaltung «zahm und folgsam»[481] machen. «[W]ir sehen immer mit Genugtuung, mit welcher Freude und Arbeitslust sie zur Manege ziehen, um dort ihr Dressurprogramm zu absolvieren»,[482] betonte Lang 1961 in einem Artikel im Bulletin des Freundevereins und projizierte dabei das menschliche Konzept der intrinsischen Arbeitslust auf die Tiere. Der Vergleich der Dressur mit einer Beschäftigungs-, Bewegungs- oder gar Arbeitstherapie entlarvte die vermenschlichenden Vorstellungen, welche die Elefantenhaltung im Zoologischen Garten Basel prägten.

In der Manege

Dank der regelmässigen Berichterstattung in den lokalen Medien war die Basler Bevölkerung detailliert über die Fortschritte der Elefantenausbildung informiert und baute im Verlauf der Jahre eine emotionale Beziehung zu den Tieren auf. Dass die Gebrauchsdressur der Elefanten beim Zoopublikum auf positive Resonanz stiess, zeigen verschiedene Zuschriften aus der Bevölkerung: «Mit Interesse verfolge ich in der Zeitung und am Objekt selbst Ihre Versuche und die daraus gewonnenen Erkenntnisse über die moderne Tierhaltung. Aus diesem Grunde begreife ich sehr gut, dass eine gewisse Dressur wünschenswert ist und den Tieren nur nützt»,[483] schrieb ein Zoobesucher in einem Brief vom August 1956. «Es ist […] recht, wenn man so intelligente Tiere […] nicht einfach in einem Käfig anlettet, stumpfsinnig stehen lässt, sondern, dass man sich mit ihnen beschäftigt, sie bewegt und zu körperlichen Übungen trainiert»,[484] meinte eine andere Besucherin anerkennend. Dass das Zoopublikum den Dressurvorstellungen gegenüber positiv eingestellt war, ist ein Indiz dafür, dass sich die Vermittlungsarbeit des Zoos auszubezahlen begann.

Auf weniger Zuspruch stiess der Plan der Zooleitung, die fünf Elefanten im Jahr 1956 während einer Saison an den Zirkus Knie auszuleihen. Nach Bekanntgabe dieses Vorhabens erhob sich in der Basler Bevölkerung ein «kleiner Sturm der Entrüstung»,[485] wie die Basler Nachrichten schrieben. Die Baslerinnen und Basler waren nicht damit einverstanden, dass die beliebten ‹Elefäntli› den Zoo für fast ein Jahr verlassen und mit dem Zirkus auf Tournee gehen sollten. Der Gedanke an Auftritte in der Manege und Reisen in engen Zirkuswagen stimmte viele Zooliebhaberinnen und -liebhaber skeptisch. In einem Artikel mit dem Titel *Warum unsere Elefanten in den Zirkus sollen* wurde dem besorgten Zoopublikum in der National-Zeitung versichert, das Unterfangen sei von «Fachleuten sorgfältig geprüft» worden und Direktor Lang,[486] der mit dem Zirkus Knie in engem Kontakt sei, bürge persönlich für die gute Behandlung der Tiere. Während des Zirkusaufenthalts sollten die «Manieren» und das «gesittete Benehmen» der Elefanten verfeinert werden.[487] Obwohl der Zoo die leihweise Übergabe der Elefanten an die «Rekrutenschule»[488] des Zirkus Knie für sinnvoll hielt, blieben einige Zoobesucherinnen und -besucher dem Unterfangen gegenüber dennoch kritisch eingestellt. War die Einführung der Gebrauchsdressur im Zoo mehrheitlich positiv aufgenommen worden, so stimmte die enge Zusammenarbeit mit dem Zirkus viele misstrauisch: «[Die Elefanten] einem Wanderzirkus zu geben, mit den damit für die Tiere verbundenen Strapazen u[nd] Quälereien liegt ganz sicher nicht im Interesse der anvertrauten Tiere»,[489] empörte sich eine Zoobesucherin. Das Vorhaben würde der tiergartenbiologischen Neukonzeption des Zoos widersprechen, meinte die Zoobesucherin in ihrem an Direktor Lang adressierten Brief:

«Der gut dotierte Zool. Garten hat doch keine Veranlassung seine Schützlinge einem solchen Schicksal preis zu geben. – Nun hat man sich gefreut, dass wohl auch durch Ihr Eingreifen die engen Käfige der Singvögel abgeschafft wurden, auch die Hasenställe verschwanden u. die angeketteten Papageien sich jetzt freier bewegen können u. nun diese Enttäuschung! Würden Sie die Uebersiedlung unserer Elephanten in den Zirkus Knie zulassen, so würden wohl manche Besucher des Zool. Gartens nie mehr daran glauben können, dass Sie es gut mit Ihren anvertrauten Tieren meinen.»[490]

Trotz der kritischen Stimmen lieh der Zoo seine fünf Elefanten im Jahr 1956 für neun Monate an den Zirkus Knie aus. Werner Behrens, der die Elefanten begleitete, und Josef Hack vom Zirkus Knie studierten gemeinsam eine Dressurvorstellung für die Zoo- und Zirkus-Elefanten ein. Im Zirkus Knie waren 1956 «zum ersten Mal in der Zirkusgeschichte […] sieben Afrikanische Elefanten in einer Manege zu erleben».[491] Im Elefantenhaus im Basler Zoo wohnten während der Abwesenheit der fünf Afrikanischen Zoo-Elefanten vorübergehend vier Asiatische Elefanten aus dem Zirkus. Der Kontakt zwischen dem Zoologischen Garten Basel und dem Zirkus Knie blieb nach 1956 bestehen und die Basler ‹Elefäntli› und Behrens waren auch in späteren Jahren wieder in der Zirkusmanege zu sehen.

Was ursprünglich als Zähmungsprogramm für junge Elefanten begonnen hatte, entwickelte sich in den späten 1950er-Jahren übergangslos zu einer Zirkusdressur weiter. Die Dressurübungen wurden dem Zoopublikum in einem immer grösser werdenden Rahmen vorgeführt. 1962 liess der Zoo eine eigens für das «jedem Grosszirkus zur Zierde dienende Programm» konzipierte Arena bauen,[492] die rund 900 Zuschauende fasste. Gegen Eintrittsgeld konnten die Zoobesucherinnen und -besucher den Elefanten in dieser Arena beim Vorführen von Kunststücken zusehen (Abb. 41, S. 157). Spätestens der Bau der Arena machte offensichtlich, dass die Elefantendressur nicht nur der körperlichen Gesundheit der Tiere zuliebe praktiziert wurde, sondern dass sie neben ihren tiergartenbiologischen Vorteilen «natürlich […] auch eine Attraktion für das Publikum» darstellte.[493] Die dressierten ‹Elefäntli› lockten grosse Publikumsmassen in den Zoo und verhalfen diesem nicht zuletzt zu einem zusätzlichen Einkommen.[494] Mit der Kommerzialisierung der Elefantendressur in den 1960er-Jahren stellte der Basler Zoo seinen Anspruch, das Tierwohl ins Zentrum zu stellen, in Frage. Hatte sich die Einführung der Gebrauchsdressur noch mit den neuen biologischen Erkenntnissen der Verhaltensanreicherung begründen lassen, bedurfte es eines erheblichen Erklärungsaufwands, um die Zirkusnummern in der Arena mit dem Projekt der Verwissenschaftlichung des Zoos vereinbaren zu können. Mit den Dressurvorstellungen und dem Elefantenreiten (Abb. 42, S. 158) nahm der Zoo einen Platz in der urbanen Freizeit- und Vergnügungskultur ein. Interessanterweise schienen im Zoologischen Garten Basel Dressurvorstellungen zu einem Zeitpunkt populär zu werden, als die meisten europäischen Tiergärten ihre Dressurnummern bereits abgeschafft und sich von den zunehmend kritisch wahrgenommenen Zirkussen abzugrenzen begannen.[495] In den 1960er-Jahren wurden im Basler Zoo nicht nur die Elefanten dressiert, auch die Menschenaffen und die Seelöwen führten dem Publikum regelmässig Kunststücke vor (Abb. 43, S. 158).[496]

Tierische Emotionen

Die Dressurvorstellungen in der Arena waren bei den Zoobesucherinnen und -besuchern deshalb so beliebt, weil sie eine Tierbegegnung auf einer neuen Ebene ermöglichten.[497] Während der Vorführungen wurde eine harmonische, gegenseitiges Verständnis evozierende Interaktion von Mensch und Tier inszeniert. Bereits 1942 hatte Hediger von der «ästhetischen Bedeutung der Dressur und Dressiertheit» im Zoo gesprochen und die Dompteure als «Künstler»[498] bezeichnet. Mit der während der Dressur entstehenden «Harmonie der Mensch-Tier-Beziehung» wurden die Zootiere nicht länger auf ihren «primitiven Gefahrencharakter»[499] reduziert, sondern als komplexe Lebewesen wahrgenommen. Dressurtiere wurden nicht mehr als gefährliche Bestien angesehen, sondern als mit den Menschen interagierende, zu Emotionen fähige Wesen.[500] Die Wahrnehmung der Dressurtiere wurde beeinflusst von tierpsychologischen Theorien über tierische Gefühle. Bereits Darwin hatte in seinem Buch *The Expression of the Emotions in Man and Animals* von 1872 die These aufgestellt, dass Tiere wie Menschen im Stande seien, Gefühle auszudrücken.[501] Die Tierpsychologie und die Verhaltensforschung hatten die Durchlässigkeit der Grenze zwischen Mensch und Tier aufgezeigt, derer sich im 20. Jahrhundert auch die Dompteusen und Dompteure zu bedienen begannen. Die jungen Basler Elefanten wurden nicht nur mittels physischer Gewalt, sondern mithilfe der Studie ihrer Psyche zu beherrschen versucht. Um während des Dressurakts eine emotionale Bindung zu den Tieren aufbauen zu können, mussten die Tierpfleger die Gefühlsausdrücke der Tiere beobachten, verstehen und kontrollieren können.[502] Die Elefantendressur im Basler Zoo war deshalb so erfolgreich, weil es den Tierpflegern gelang, sich intensiv mit dem subjektiven Charakter der Tiere auseinanderzusetzen und die Individualität jedes einzelnen Elefanten anzuerkennen.

In seiner Vermittlungstätigkeit war der Zoo darum bemüht, sich von einer anthropomorphisierenden Wahrnehmung der Tiere abzugrenzen. Das Beispiel der Elefantendressur zeigt, dass es ihm aber letztlich nicht gelang, sich gänzlich von einem sentimentalisierenden Tierbild zu distanzieren. In der Populärkultur wurden Elefanten spätestens seit Walt Disneys *Dumbo* aus dem Jahr 1941 als liebenswürdige, drollige Persönlichkeiten wahrgenommen.[503] Indem er die Öffentlichkeit detailliert am Werdegang seiner ‹Elefäntli› teilhaben liess, förderte der Zoo eine personalisierende Wahrnehmung der populären Tiere und bediente das in der erlebnisorientierten Gesellschaft verbreitete «anthropozentrisch-emotional geprägte Tierbild».[504] Die Basler Zoo-Elefanten hatten zahlreiche Auftritte ausserhalb des Zoos: Sie zogen beispielsweise gemeinsam mit der Fernsehmoderatorin Heidi Abel vor laufender Kamera Lose, wurden als «Kraftsymbole» engagiert, um für die Autos von Monteverdi Werbung zu machen, oder spielten beim Länderspiel zwischen der Schweiz und Deutschland vom 25. April 1954 im St. Jakob Stadion Fussball.[505] 1959 begrüssten die fünf ‹Elefäntli› den neugewählten Bundesrat Hans Peter Tschudi mit einem Festzug in der Basler Innenstadt.[506] Ihre Präsenz im öffentlichen Raum machte die Basler Zoo-Elefanten stadtbekannt und trug zur wachsenden Popularität des Zoologischen Gartens Basel bei – sie stellte aber auch dessen wissenschaftliche Absichten in Frage.

Als die ‹Elefäntli› grösser wurden, richteten sie erhebliche Schäden an und es stellte sich heraus, dass die Elefantenhaltung im Zoologischen Garten Basel weniger erfolgreich war, als dies die Verantwortlichen des Zoos vermittelten. Insbesondere die inzwischen geschlechtsreifen Bullen wurden für das Zoopersonal immer gefährlicher. Es zeichnete sich ab, dass eine gemeinsame Haltung der beiden Bullen nicht mehr möglich war: Omari musste 1965 eingeschläfert werden, da er gemäss Lang «bösartig geworden» war und einen Tierpfleger angegriffen und verletzt hatte.[507] Auch das zweite Männchen der fünf Basler Zoo-Elefanten erreichte kein hohes Alter: Katoto wurde 1972 ebenfalls eingeschläfert. Die Haltung der Afrikanischen Elefanten im Sozialverband führte zwar dazu, dass 1966 zum ersten Mal in der Geschichte des Zoologischen Gartens Basel ein Zuchterfolg mit Elefanten gefeiert werden konnte. Die Tötung der beiden Bullen war aber gleichzeitig auch ein Indiz dafür, dass man trotz der vermeintlichen Fortschrittlichkeit über zahlreiche, für eine tiergerechte Haltung von Elefanten wichtige Faktoren nach wie vor noch zu wenig wusste. Den Verantwortlichen des Zoologischen Gartens Basel war nicht bewusst, dass eine gemeinsame Haltung zweier junger männlicher Elefanten nur so lange funktionieren würde, bis die beiden Bullen geschlechtsreif wurden. Die Elefantenhaltung im Basler Zoo verweist auf das Spannungsfeld zwischen wissenschaftlicher Tierhaltung und Freizeitkultur, in dem sich der zoologische Garten in der zweiten Hälfte des 20. Jahrhunderts befand.

[37] Zoodirektor Ernst Lang mit den jungen, aus Tanganjika (dem heutigen Tansania) importierten Afrikanischen Elefanten am Bahnhof SBB, 1952.
[38] Die fünf Basler ‹Elefäntli› während eines Stadtspaziergangs am 12. Mai 1954. Bei ihren Ausflügen durch die Basler Innenstadt hielten die jungen Elefanten sich jeweils am Schwänzchen des vor ihnen marschierenden Tieres fest. [→ S. 152/153]

[39] Ein Elefant zieht am 10. Januar 1962 unter der Anleitung des Tierpflegers Werner Behrens auf dem Zoo-Parkplatz ein Auto aus dem Schnee. Als Beschäftigung wurden insbesondere die Elefantenbullen in den 1950er- und 1960er-Jahren für verschiedene im Zoo anfallende Arbeiten eingespannt. [← S. 154/155]

[40] Die Afrikanischen Elefanten aus dem Zoologischen Garten Basel während eines in den 1950er- und 1960er-Jahren ein- bis zweimal wöchentlich stattfindenden Spaziergangs durch den Allschwiler Wald.

[41] Werner Behrens und die fünf Afrikanischen Elefanten während einer Dressurvorführung in der Arena des Zoologischen Gartens Basel. Die Arena war 1962 neu erbaut worden und fasste rund 900 Zuschauerinnen und Zuschauer.

[42] Afrikanischer Elefant mit vier Kindern auf dem Rücken. Junge Zoobesucherinnen und -besucher konnten im Zoologischen Garten Basel bis 1992 auf Elefanten reiten.

[43] Menschenaffen während einer Dressurvorstellung am 14. September 1962. Nicht nur mit den Elefanten, auch mit den Menschenaffen wurden in den 1960er-Jahren in der Arena des Basler Zoos dem Zoopublikum regelmässig Kunststücke vorgeführt.

Blick auf die Gegenwart: Elefantenhaltung

Der folgende Text basiert auf einem Gespräch mit Adrian Baumeyer, Kurator im Zoo Basel, vom 16.1.2020 und repräsentiert in erster Linie die Sicht des Zoos.

Die Eröffnung der neuen Elefantenanlage Tembea war ein Meilenstein in der Geschichte der Elefantenhaltung im Zoologischen Garten Basel. Seit 2017 werden die Elefanten hier im ‹geschützten Kontakt› *(protected contact)* gehalten. Das bedeutet, dass die Mitarbeitenden der Tierpflege das Gehege nicht mehr gleichzeitig wie die Elefanten betreten und nur noch über Abschrankungen mit diesen in Berührung kommen. Mit dem Übergang vom direkten zum ‹geschützten› Kontakt in der Elefantenhaltung folgte der Zoo Basel einem allgemeinen Trend in zoologischen Gärten.

Elefanten unter sich

Ein Grund, weshalb man sich im Zoo Basel dazu entschied, die Elefanten im ‹geschützten Kontakt› zu halten, sei die erhöhte Sicherheit der Tierpflegerinnen und Tierpfleger, sagt der Kurator Adrian Baumeyer. Solange die Mitarbeitenden der Tierpflege mit den Elefanten im direkten Kontakt standen, mussten sie den Tieren jederzeit dominant begegnen. Immer wieder kam es in zoologischen Gärten zu tödlichen Unfällen, weil das Zoopersonal von Elefanten angegriffen wurde. Meistens endeten die Unfälle allerdings nicht für die Menschen, sondern für die Tiere tödlich. Auch im Basler Zoo mussten in der Vergangenheit einige Elefanten eingeschläfert werden, da sie «bösartig» wurden – ein Begriff, den man heute nicht mehr verwenden würde, wie Baumeyer betont. Mit den heutigen Kenntnissen über das Verhalten von Elefanten wisse man, dass solche Zusammenstösse nicht zwingend auf Aggressivität und schon gar nicht auf «Bösartigkeit» zurückzuführen seien. Auch wenn ein Elefant nur spielen wolle, könne es aufgrund der Masse und der Grösse des Tieres schnell gefährlich werden.

Ausserdem wolle man den Basler Zoo-Elefanten mit der neuen Anlage ermöglichen, ihr natürliches Sozialverhalten auszuleben, so Baumeyer. In der freien Wildbahn leben Elefanten in einem Matriarchat. Das bedeutet, dass die aus Kühen und Jungtieren bestehende Elefantenherde von einer Leitkuh angeführt wird, welche die Verantwortung für die gesamte Gruppe trägt und ohne deren Anweisung die anderen Elefanten in der Regel nichts unternehmen. Als die Elefanten im Zoo Basel noch im direkten Kontakt gehalten wurden, übernahmen die Tierpfleger die Rolle der Leitkuh. Ab dem Moment, als das Zoopersonal nicht mehr zu den Elefanten in das Gehege ging, musste sich die Herde neu organisieren. Heute trägt die Elefantenkuh Heri die Verantwortung für die kleine Gruppe. Die Mitarbeitenden der Tierpflege würden die Sozialstruktur der Basler Elefanten heute kaum mehr beeinflussen und müssten die Hierarchie innerhalb der Gruppe nicht mehr jeden Tag aufs Neue bestätigen, meint Baumeyer. Auch allfällige Konflikte würden die Elefanten inzwischen untereinander lösen. Seit sich die Elefantenherde selbst organisiert, sei sie viel ruhiger geworden.

Männliche Elefanten, die in der Wildnis einzelgängerisch oder in losen Verbänden mit anderen Bullen leben, wurden im Zoo Basel bereits im alten Elefantenhaus im ‹geschützten Kontakt› und von der Herde abgesondert gehalten. Im Gegensatz zu den 1950er-Jahren wisse man heute, dass sich ausgewachsene Afrikanische Elefantenbullen nicht dominieren lassen, sagt Baumeyer. In der freien Wildbahn müssen sich Elefantenbullen gegen ihre Rivalen durchsetzen – nur dann gelingt es ihnen, eine Gruppe von Elefantenkühen aufzusuchen und sich zu paaren.

Trainierte Elefanten

Damit Elefanten in einem zoologischen Garten gesund gehalten werden können, müssten sie regelmässig trainiert werden, so Baumeyer. Das aktuell im Zoo Basel durchgeführte Elefanten-Training erleichtere sowohl die Pflege als auch allfällige veterinärmedizinische Eingriffe. Die Elefanten werden daran gewöhnt, durch eine Abschrankung hindurch vom Zoopersonal angefasst und untersucht zu werden. In seiner Zielsetzung gleiche das Training der in den 1950er-Jahren unter Direktor Ernst Lang eingeführten Gebrauchsdressur. Was sich mit der neuen Elefantenanlage geändert habe, sei die Art und Weise, wie die Elefanten dazu gebracht werden, den Tierpflegern und Tierärztinnen zu vertrauen. Die Mitarbeitenden der Tierpflege trainieren die Elefanten nach der Methode der positiven Rückkoppelung *(positive reinforcement)*. Im Gegensatz zur früher praktizierten Gebrauchsdressur, bei der die Tierpfleger mit den Elefanten im direkten Kontakt standen und diese dominieren mussten, funktioniere das heutige Training ausschliesslich über ein Belohnungssystem. Die auf Stimmkommandos trainierten Elefanten würden freiwillig an dem Training teilnehmen; sie würden weder angekettet noch für ‹falsches› Verhalten gerügt. Indem eine aus menschlicher Sicht positive Reaktion auf ein Kommando mit einem akustischen Signal bestätigt und mit einem Leckerbissen belohnt werde, würden die Elefanten lernen, nur jenes Verhalten zu wiederholen, dessen Konsequenz sich für sie als lohnend erweise. Nach diesem

Prinzip werden im Zoo Basel nicht nur die Elefanten trainiert, auch bei den Okapis, Giraffen, Zwergflusspferden, Krokodilen, Panzernashörnern und Gorillas werden ähnliche Methoden angewandt.[508] Das neue Elefantenhaus wurde so gebaut, dass die Besucherinnen und Besucher am Elefanten-Training teilhaben können, sagt Baumeyer. Im Innenbereich der neuen Elefantenanlage kann das Zoopublikum beobachten, wie mit den Tieren gearbeitet wird.

Heute trainiere man in Basel mit den Elefanten keine Kunststücke mehr, sondern nur noch jenes Verhalten, das für die Betreuung und Gesundheitsüberwachung der Tiere als sinnvoll erachtet werde. Dazu gehört, dass sich die Elefanten verschieben lassen, auf Kommando rückwärtsgehen können, die Ohren, Füsse oder den Rüssel in den Pflegebereich geben und bei der Verabreichung von Spritzen oder bei der Blutentnahme hinhalten. Regelmässig werden die Zähne der Elefanten kontrolliert, die Füsse gepflegt und Rüsselspülungen durchgeführt.[509] Ausserdem werden beim täglichen Training medizinische Manipulationen simuliert, damit diese im Ernstfall in entspannter Atmosphäre und ohne aufwendige Narkose durchgeführt werden können.

Gelangweilte Elefanten?

Bereits unter der Leitung von Ernst Lang wusste man, dass Afrikanische Elefanten für die Futtersuche in der freien Wildbahn täglich viele Kilometer zurücklegen. Um das grosse Bewegungsbedürfnis der Tiere zu stillen, unternahm das Zoopersonal in den 1950er- und 1960er-Jahren mit den Elefanten regelmässig ausgedehnte Spaziergänge. Eine weitere Beschäftigungsmöglichkeit stellte die von Werner Behrens perfektionierte Dressur dar. Bis in die 1990er-Jahre wurden dem Zoopublikum in der eigens dafür gebauten Arena Dressurvorstellungen gezeigt. Ausserdem konnten die Kinder auf den Elefanten durch den zoologischen Garten reiten.[510] Erst nachdem 1992 mit Pambo im Basler Zoo seit langer Zeit erstmals wieder ein junger Elefant geboren wurde und eine Trennung der Elefantengruppe nicht mehr möglich war, habe man diese Aktivitäten aus Sicherheitsgründen einzustellen begonnen, erzählt Baumeyer.[511] Zu unregelmässigen Zeiten fanden aber weiterhin kleine Dressurvorführungen statt, allerdings nicht mehr in der Arena, sondern im Aussenbereich der Elefantenanlage. Das Ende der Vorstellungen in der Arena und das Einstellen des Elefantenreitens seien erste Schritte auf dem Weg zur heutigen Elefantenhaltung im ‹geschützten Kontakt› gewesen: Das Zoopersonal habe sich bemüht, die Sozialstruktur der Elefanten immer weniger zu beeinflussen und die Interaktion zwischen Mensch und Tier in den Hintergrund zu stellen. Zu einer tiergerechten Haltung gehörte auch, dass man ab Ende der 1990er-Jahre darauf verzichtete, die Elefanten nachts in den Stallungen anzubinden.

Zu glauben, Dressurvorführungen, Elefantenreiten und Stadtspaziergänge dienten einzig dazu, möglichst viel Publikum in den Zoo zu locken und dessen Erwartungen nach Unterhaltung zu erfüllen, würde zu kurz greifen, betont Baumeyer. Ziel der verschiedenen Aktivitäten sei es auch gewesen, den Tieren eine Abwechslung zu bieten. Mit dem Entscheid, die Elefanten nur noch innerhalb ihres Geheges zu halten, sei die drängende Frage aufgekommen, wie verhindert werden könne, dass es den Elefanten im Zoo langweilig wird. Schon bald habe sich abgezeichnet, dass die alte Elefantenanlage den neuen Ansprüchen nicht mehr genügte und die Haltung der Elefanten im Basler Zoo komplett neu organisiert werden musste. Im Gegensatz zu früher gehe man heute nicht mehr davon aus, dass der Mensch Teil der Beschäftigung der Elefanten sein sollte.

In der neuen Elefantenanlage Tembea sei Langeweile kein Thema mehr, da die Tiere den ganzen Tag mit der Futtersuche beschäftigt seien, meint Baumeyer. Standen die Elefanten im alten Gehege oft stundenlang am Tor zum Haus und warteten auf die Fütterung durch die Tierpfleger, so können die Tiere nun auf der Suche nach Nahrung im Gehege umherwandern. Der Name der Anlage ist dabei Programm: ‹tembea› bedeutet ‹in Bewegung› auf Kiswahili. In der rund 5000 Quadratmeter grossen Anlage sind insgesamt 120 verschiedene Futterstellen eingebaut, von denen rund 80 automatisch bedient sind. Sowohl im Aussenbereich der Anlage als auch im Stall finden sich Vorrichtungen, an denen mit Heu gefüllte Netze aufgehängt sind, die automatisch heruntergelassen werden können. In die künstlichen Felsen wurden Löcher mit mechanischen Klappen eingebaut, welche die Elefanten mit dem Rüssel auf Futterpellets oder Gemüseportionen durchsuchen können. Indem die Nahrung nur punktuell angeboten wird, garantiert die Anlage, dass die Elefanten den Grossteil des Tages in Bewegung sind und die verschiedenen Futterstellen kontrollieren müssen. Ebenfalls für Abwechslung sorgen die unterschiedlichen Bodensubstrate oder die eingebauten Suhlen und Badebecken. Auch die Aufzucht von Jungtieren würde der Elefantenherde eine Beschäftigungsmöglichkeit bieten. Im Zoo Basel wartet man allerdings seit 1992 vergeblich auf Nachwuchs bei den Elefanten.

Das Beispiel der Elefantenhaltung im Basler Zoo veranschaulicht, wie sich die menschliche Beziehung zu den Tieren verändert und inwiefern die Gestaltung von Zoogehegen diese Beziehung beeinflussen kann. Heute werden im Zoo Basel in einer Herde zusammenlebende Elefanten gezeigt, die weder Kunststücke vorführen noch mit Kindern auf dem Rücken durch den zoologischen Garten spazieren. Die Faszination, die von den Elefanten ausgeht, wird anders generiert als in der Nachkriegszeit: Es ist das ‹wilde› Tier selbst, das die Zoobesucherinnen und -besucher begeistern soll und nicht das mit dem Menschen interagierende. Damit wird ein Ideal bedient, dass die Zoogeschichte seit jeher prägt: Bereits im 19. Jahrhundert wollten die Zoo-Verantwortlichen die Faszination für das ‹Wilde› bedienen. Im Unterschied zu damals versucht man heute Anlagen zu bauen, die so ausgestattet sind, dass das Zoopublikum das ‹natürliche› Verhalten der Tiere beobachten kann. Mit der neuen Elefantenanlage können die Elefanten als ‹wilde› Tiere präsentiert werden, ohne dass dabei das Risiko eingegangen werden muss, Menschen- und Tierleben zu gefährden. Die Elefanten werden heute unter anderem deshalb anders gezeigt als früher, weil sich in den letzten Jahrzehnten das Selbstverständnis des Zoos gewandelt hat: Indem die Tiere heute als Botschafter ihrer bedrohten Artgenossen in der Natur betrachtet werden, erhalten sie eine neue Bedeutung. Offen bleibt dabei die Frage, ob die ‹Wildheit› der Tiere im Rahmen eines Zoos, weit weg vom natürlichen Lebensraum der Tiere, überhaupt eingelöst werden kann.

Fazit

Zoologische Gärten und deren Selbstverständnis sind einem steten Wandel unterworfen. Als Räume, in denen die Begegnung mit der Wildnis inszeniert wird, erzählen Zoos vom Verhältnis der Menschen zu den Tieren. Sie sind Kulturinstitutionen, welche die Natur in den urbanen Raum übersetzen und die gesellschaftliche Sicht auf die Tiere nicht nur zu spiegeln, sondern auch zu verändern vermögen.

Beeinflusst von den neusten Entwicklungen der Verhaltensforschung, Tierpsychologie und Tiergartenbiologie wurde im Zoologischen Garten Basel in der Nachkriegszeit die Tierhaltung reformiert und der Zoo grossflächig umgestaltet. Die neuen Gehege sollten die Haltung in sozialen Gruppen und die Förderung der Nachzucht ermöglichen und so die Bestrebungen der Zooleitung unterstützen, das Wohl der Tiere ins Zentrum zu rücken. Die Neugestaltung kam beim Publikum gut an: Der Basler Zoo verzeichnete in der Nachkriegszeit regelmässig Besucherrekorde. Die wirtschaftliche Hochkonjunktur, die mit einem Ausbau der städtischen Infrastruktur einherging, begünstigte den Erfolg des Zoos zusätzlich. In ihrer Kommunikation waren die Verantwortlichen des Basler Zoos bemüht, den Besucherinnen und Besuchern eine neue Sicht auf die Tiere zu vermitteln, das biologische Wissen zu vertiefen sowie ein Bewusstsein für die wachsende Bedrohung der Tierwelt zu schaffen. Der Zoo sollte die Menschen aber nicht nur belehren, sondern auch ein Ort sein, wo die Stadtbevölkerung ihre Freizeit verbringen und sich vom urbanen Leben erholen konnte. Der Verwaltungsrat und die beiden Zoodirektoren Heini Hediger und Ernst Lang waren in ihrem Handeln von einem Fortschrittsglauben geleitet: Der Zoologische Garten Basel sollte seinen «veralteten Menageriecharakter»[512] endgültig ablegen und komplett erneuert werden. Der Abgrenzung von früheren Zoopraktiken kam dabei immer auch eine legitimierende Funktion zu.

Die Geschichte des Basler Zoos in der Nachkriegszeit war aber nicht nur von Veränderung und Innovation bestimmt, sondern zeichnete sich auch durch Kontinuitäten aus. Um die Gunst des Publikums gewinnen zu können, musste dieses emotional angesprochen werden. Die Zoobesucherinnen und -besucher zu unterhalten, war deshalb nach wie vor eine zentrale Aufgabe des Zoos, die allerdings nicht selten im Widerspruch stand zum Projekt der Verwissenschaftlichung. Der langatmige Prozess bis zur Einführung des Fütterungsverbots in den 1950er-Jahren illustriert, wie die Zoobesucherinnen und -besucher für eine tiergerechtere Tierhaltung zu sensibilisieren versucht wurden. Die Verantwortlichen des Zoos begegneten dem Interessenkonflikt zwischen den Bedürfnissen der Tiere und jenen der Menschen mit einer hartnäckigen Aufklärungsarbeit. Dem Zoopublikum musste erklärt werden, weshalb der Brauch der Tierfütterung durch die Besucherinnen und Besucher der Gesundheit der Tiere schaden konnte und eine neue Regelung nötig war. Anhand des Beispiels der Elefantenhaltung im Zoologischen Garten Basel lässt sich wiederum zeigen, wie das Ziel der tiergerechten Haltung von kommerziellen Faktoren unterlaufen werden konnte. Es veranschaulicht, dass sich auch die Verantwortlichen des Zoos nicht gänzlich von einer sentimentalisierten Wahrnehmung der Zootiere zu distanzieren vermochten. Die Elefanten im Basler Zoo wurden ab den 1950er-Jahren zum Zweck der Zähmung und Verhaltensanreicherung dressiert. Diese Massnahme erwies sich als grosser Erfolg und entwickelte sich im Verlauf der Jahre zu einer Zirkusdressur weiter, die dem Zoopublikum in einer eigens dafür gebauten Arena vorgeführt wurde. Mit der Kommerzialisierung der Elefantendressur stellte der Zoo seinen eigenen Anspruch, die Tierhaltung nach wissenschaftlichen Kriterien zu organisieren, in Frage. Er definierte sich auch nach Etablierung der Tiergartenbiologie nach wie vor über den Erlebniswert seiner Tiere und blieb eine Unterhaltungsstätte, die auf Publikumseinnahmen angewiesen war. Seit der Eröffnung des Zoologischen Gartens Basel im Jahr 1874 sollte das Zoopublikum einerseits gebildet und belehrt, andererseits unterhalten und vergnügt werden. Der daraus hervorgehende Aushandlungsprozess begleitete den Basler Zoo auch nach Ende des Zweiten Weltkriegs. Das Spannungsfeld zwischen Bildungsanspruch und Vergnügungskultur wurde durch das Aufkommen der Freizeitkultur in der Nachkriegsgesellschaft und die Öffnung des Zoos für breite Bevölkerungsschichten nochmals vergrössert. Es ist ausserdem nicht auszuschliessen, dass die vermenschlichende Wahrnehmung von Tieren, gegen die insbesondere Hediger ankämpfte, von den neusten wissenschaftlichen Erkenntnissen sogar zusätzlich gefördert wurde: Die von der Verhaltensforschung und Tierpsychologie beeinflusste Disziplin der Tiergartenbiologie verstand Tiere als Wesen, die im Stande waren, Gefühle auszudrücken. Indem sie den Tieren einen Subjektstatus zusprach, begünstigte die Tiergartenbiologie womöglich selbst die Verbreitung vermenschlichender Tierbilder.

Der multifunktionale Charakter des Zoos und das grosse Spektrum an Bedürfnissen, die er zu bedienen versuchte, mussten zwangsläufig zu Wertekonflikten führen. Trotz des Anspruchs, das Wohl der Tiere vermehrt ins Zentrum zu stellen, blieb der Zoologische Garten Basel auch nach 1944 ein Ort, der *von* und *für* Menschen geschaffen worden war. Wie sich das Selbstverständnis des Basler Zoos ab Mitte der 1960er-Jahre weiterentwickelte, ob es sich aufgrund verschiedener aufkommender Phänomene wie zum Beispiel der internationalen Koordination der Zoolandschaft oder der Institutionalisierung des Naturschutzgedankens wesentlich veränderte, muss Gegenstand weiterer Forschung bleiben. Erst durch eine Ausweitung des Untersuchungszeitraums oder Quellenbestands liesse sich abschliessend klären, ob die Phase zwischen 1944 und 1966 als Übergangszeit in der Entwicklung hin zum Zoo der Gegenwart beschrieben werden kann. Auch eine vergleichende Analyse der Geschichte anderer zoologischer Gärten könnte helfen, das Konzept des Zoologischen Gartens Basel historisch einzuordnen. Das Potential einer geschichtswissenschaftlichen Beschäftigung mit dem Basler Zoo ist noch lange nicht ausgeschöpft: Anhand des reichhaltigen Quellenmaterials liessen sich zahlreiche weitere Narrative entwickeln, die den Zoo als Kristallisationsmoment der Geschichte der Mensch-Tier-Beziehung hervorzuheben vermögen.

Mittels verschiedener Gespräche mit Fachpersonen aus dem Zoologischen Garten Basel wurde in diesem Neujahrsblatt zusätzlich zur historischen Untersuchung auch ein Blick auf die Gegenwart geworfen. Es konnte gezeigt werden, dass sich das Selbstverständnis des Basler Zoos seit den 1960er-Jahren in mancherlei Hinsicht gewandelt hat: Die Zootiere werden heute primär als Botschafter für ihre bedrohten Artgenossen in der Natur präsentiert, welche die Zoobesucherinnen und -besucher für die wachsende Bedeutung des Natur- und Artenschutzes sensibilisieren sollen. Der Unterhaltungsaspekt machte einem Bildungsauftrag Platz, mit dem sich der Zoo heute eine Daseinsberechtigung gibt und der auch die architektonische Gestaltung des Tiergartens prägt. Die Zunahme an biologischem und tiermedizinischem Wissen veränderte die Zoopraxis und die Einstellung zu den Tieren. Sie bewirkte, dass eine Fütterung durch das Publikum oder Elefantenspaziergänge in der Basler Innenstadt heute undenkbar wären. Im Selbstverständnis des Basler Zoos lassen sich aber auch Kontinuitäten ausmachen: Die Anziehungskraft des Zoos wird wie bereits zu Gründungszeiten oder unter Hediger mit der Natursehnsucht der Stadtbevölkerung erklärt. Entsprechend wird die Begegnung zwischen Mensch und Tier im Zoo inszeniert: Verschiedene architektonische und landschaftsgärtnerische Massnahmen lassen die Zoobesucherinnen und -besucher in eine Tierwelt eintauchen, in der sie nichts von ihrem Naturerlebnis ablenken soll. Nach wie vor präsent bleibt dabei das Spannungsfeld zwischen den Ansprüchen an eine tiergerechte Haltung und den Erwartungen des Publikums nach unterhaltsamen Tiererlebnissen.

Als Ort der Emotionen und der Erinnerungen verbindet der Basler ‹Zolli› diverse kulturelle Vorstellungen und Praktiken rund um das Verhältnis der Menschen zu den Tieren und zur Natur in der Vergangenheit, der Gegenwart – und voraussichtlich auch der Zukunft. Die Dilemmata, die das Selbstverständnis des Basler Zoos bis heute prägen, werden sich in Zukunft wohl sogar noch weiter verschärfen. Die gesellschaftlichen, politischen und ethischen Ansprüche an die Institution Zoo sind in den letzten Jahren erheblich gestiegen. Obwohl Zoos heute zu den attraktivsten

«Fixpunkten städtischer Kultur» zählen,[513] sehen sie sich mit einer wachsenden Kritik konfrontiert. In einer Zeit, in der sich die Ausbeutung der natürlichen Ressourcen zu einem der drängendsten globalen Probleme entwickelt, müssen sich zoologische Gärten mehr denn je die Frage stellen, wie sie die Gefangenhaltung von Tieren in künstlichen Lebensräumen und unter von Menschen kontrollierten Bedingungen rechtfertigen können und wie ihre gesellschaftliche Verantwortung auszusehen hat. Auch der ‹Zolli›, der in Basel traditionsgemäss einen starken Rückhalt geniesst, bekam in jüngster Vergangenheit Gegenwind von Seiten der Öffentlichkeit: Bei der Abstimmung über die bau- und verwaltungsrechtlichen Anpassungen, die für den Bau des geplanten Grossaquariums Ozeanium nötig gewesen wären, sah sich der Zoo Basel mit grosser öffentlicher Kritik konfrontiert. Die Mehrheit der Basler Stimmbevölkerung befand das Bauprojekt für unzeitgemäss und unökologisch und lehnte es im Mai 2019 mit 54,6 Prozent Nein-Stimmen ab.

Eine kritische Auseinandersetzung mit der Institution Zoo wirft fundamentale Fragen auf: Welchen Zweck können zoologische Gärten in Zukunft erfüllen? Sind sie mehr als nur eine Projektionsfläche für das menschliche Bedürfnis nach bezwungener Natur? Können bedrohte Tierarten tatsächlich mithilfe koordinierter Erhaltungszuchtprogramme vor dem Aussterben gerettet werden? In zahlreichen Zoos sieht man sich in der Verantwortung, sich in Zusammenarbeit mit Naturschutzprojekten noch stärker für den Erhalt der Artenvielfalt und der natürlichen Lebensräume einzusetzen und auf die wachsende Bedrohung der Tier- und Pflanzenwelt aufmerksam zu machen. Um die Menschen für die Belange der Tiere und die Wichtigkeit von Naturschutz sensibilisieren zu können, brauche es eine «echte Tierbegegnung»[514] vor Ort im Zoo, ist der Direktor des Zoo Basel, Olivier Pagan, überzeugt. Der Bildungsauftrag und das Engagement für den Naturschutz sollen den Zoos auch in Zukunft eine Daseinsberechtigung liefern. Zoologische Gärten könnten in der aktuellen Klimakrise, die mit einem zunehmenden Schwinden der Artenvielfalt und einer Zerstörung der natürlichen Lebensräume einhergeht, eine Vorreiterrolle einnehmen und als Bindeglied zwischen der Bevölkerung und dem Umweltschutz agieren. Doch dieser Einsatz für die Arterhaltung ist nicht unumstritten: In den koordinierten Zuchtprogrammen, mit denen bedrohte Tierarten vor dem Aussterben gerettet werden sollen, wird für die Erhaltung der Art der Tod von einzelnen Tieren in Kauf genommen, für die in den Zuchtprogrammen keine Verwendung gefunden wird. Dies wirft tierethische Fragen auf.[515] Kommt hinzu, dass noch nicht erwiesen ist, wie überlebensfähig die gezüchteten Zootiere in der Wildnis überhaupt wären. Kaum denkbar ist ausserdem, dass sich zoologische Gärten in Zukunft auf ihre Funktionen als Forschungsstätten und Naturschutzzentren reduzieren lassen. Zoos sind und bleiben öffentliche Orte und Freizeiteinrichtungen, die in erster Linie zur Zerstreuung und Regeneration besucht werden. Es bedarf eines erheblichen Vermittlungsaufwands, zoologische Gärten als ausserschulische Lernorte attraktiv zu machen.

Die Interessenkonflikte, die das Wirken des Zoologischen Gartens Basel in der Nachkriegszeit prägten, werden wohl auch in Zukunft kaum abnehmen. So hoch die Zielsetzungen und die Ideale der Verantwortlichen zoologischer Gärten auch sein mögen, im Alltag bleiben sie letztlich immer auch wirtschaftlichen Zwängen ausgeliefert, die Innovationen im Tierschutzbereich erschweren und verlangsamen können. Zoos haben gleichzeitig für das Wohl der Tiere zu sorgen und dem Wunsch der Besucherinnen und Besucher nach einem positiven Tiererlebnis Rechnung zu tragen. Im Interesse einer «pädagogischen Effizienz»[516] müssen sie möglichst viele Besucherinnen und Besucher anziehen und mit ihrer Botschaft erreichen. Ob und wie unter diesen Umständen Zoos vorstellbar sind, welche die Bedürfnisse der Tiere höher gewichten können als jene der Zoobesucherinnen und -besucher, wird weiterhin Gegenstand wissenschaftlicher und öffentlicher Debatten bleiben. Die Themen, mit denen sich Zoos von gestern, heute und morgen auseinanderzusetzen haben, gehen weit über die Grenzen des Zoogeländes hinaus. Sie betreffen auch zahlreiche andere Bereiche, wo Menschen und Tiere sich begegnen, und berühren dabei grundsätzliche Fragen im menschlichen Umgang mit den Tieren und der Natur. Zoos sind exemplarische Orte, anhand derer solche Fragen diskutiert und historisch erforscht werden können.

Dank

An erster Stelle möchte ich mich herzlich bei der GGG Basel bedanken, welche die Veröffentlichung dieses Textes ermöglichte. Patricia Zihlmann-Märki, Pierre Felder und Oliver Hungerbühler von der Kommission zum GGG Neujahrsblatt danke ich für die kritische Lektüre und die wertvollen Verbesserungsvorschläge. Grosser Dank geht an Franziska Schürch für die zuverlässige und engagierte Unterstützung während des gesamten Entstehungsprozesses, an Doris Tranter für das sorgfältige Lektorat sowie an Jiri Oplatek von Claudiabasel für die schöne Gestaltung.

Bedanken möchte ich mich weiter bei den Mitarbeitenden des Staatsarchivs Basel-Stadt, insbesondere bei Sabine Strebel für die hilfreiche Unterstützung bei der Bildrecherche sowie bei Alexandra Tschakert und Patricia Eckert. Hilfe erfahren habe ich weiter von Anna Brägger, Dora Maurer, Muriel Pérez (gta Archiv ETHZ) und Eva Nussbaumer (Bildredaktion Schweizer Radio und Fernsehen). Ein grosser Dank gebührt auch Olivier Pagan, Tanja Dietrich, Kathrin Rapp Schürmann, Christian Wenker und Adrian Baumeyer vom Zoo Basel, mit denen ich im Januar 2020 ausführliche Gespräche führen durfte. Weiter danke ich Martin Lengwiler und Caroline Arni für die fachkundige Betreuung meiner im Februar 2018 an der Universität Basel eingereichten Masterarbeit, die der Ausgangspunkt für dieses Buch war.

Von Herzen bedanken möchte ich mich bei Natalie Widmer und Noemi Scherrer für das erste Lektorat, beim Atelier Lysa Büchel für das Asyl und bei Jennifer Degen und Lukas Meili für die Ermutigung, an dem Thema dranzubleiben. Mein abschliessender Dank geht an Samuel Bachmann für sein kritisches Mitdenken, die wertvollen Ideen und sein Vertrauen in das Projekt.

Anhang

Anmerkungen

1. Zoo Basel, 6.11.2019, https://www.youtube.com/watch?v=FB_U7vD_c0g (5.5.2020).
2. Geigy 1949, S. 20.
3. Wessely 2008a, S. 13.
4. Ash 2008, S. 19.
5. Baratay/Hardouin-Fugier 2000, S. 9.
6. Vgl. Ash 2008, S. 11.
7. Vgl. Eitler/Möhring 2008, S. 93.
8. Vgl. u. a. Brantz/Mauch 2010; Eitler/Möhring 2008; Krüger 2014; Münch 1999; Roscher 2011; Steinbrecher 2009.
9. Vgl. Roscher 2015, S. 86.
10. Vgl. Fudge 2002, S. 6.
11. Eitler 2011, S. 227 f.
12. Vgl. Wessely 2008a, S. 14.
13. Vgl. Ash 2008, S. 18.
14. Vgl. Staehelin 1993.
15. Vgl. u. a. Hediger 1942; Hediger 1948; Hediger 1961; Hediger 1965; Hediger 1990; StABS PA 1000a.
16. Vgl. Baratay/Hardouin-Fugier 2000, S. 12.
17. Vgl. ebd., S. 84.
18. Vgl. Wessely 2008a, S. 53.
19. Ebd.
20. Vgl. Eitler/Möhring 2008, S. 91.
21. Vgl. Raulff 2015.
22. Vgl. Kupper 2012, S. 41.
23. Vgl. Schär 2015, S. 322.
24. Vgl. ebd., S. 41.
25. Vgl. Descola 2011, S. 16.
26. Sarasin 1924.
27. Geigy 1949 und Geigy 1953.
28. Lang 1974.
29. Vgl. https://www.regionatur.ch/Themen/Sammlungen/Zoologische-Gaerten (5.5.2020).
30. Vgl. Sarasin 1924, S. 4.
31. Vgl. Schaarschmidt 2008, S. 38.
32. Sarasin 1924, S. 4.
33. Ebd.
34. Ebd., S. 5.
35. Ebd.
36. Ebd.
37. Ebd.
38. Vgl. Simonius-Gruner 2013, S. 7.
39. 2. Geschäftsbericht 1875, S. 4–6.
40. Vgl. 1. Geschäftsbericht 1874, S. 11.
41. Vgl. 2. Geschäftsbericht 1875, S. 6 f.
42. Vgl. 1. Geschäftsbericht 1874, S. 9.
43. Schaarschmidt 2008, S. 39.
44. Vgl. Baratay/Hardouin-Fugier 2000, S. 136.
45. Vgl. Wohnbevölkerung und bewohnte Gebäude nach Gemeinde seit 1741, https://web.archive.org/web/20160510093413/http://www.statistik.bs.ch/dms/statistik/tabellen/01/1/t01-1-01.xlsx (5.5.2020).
46. 2. Geschäftsbericht 1875, S. 9.
47. Vgl. ebd.
48. Vgl. 3. Geschäftsbericht 1876, S. 9.
49. Ebd., S. 7.
50. Vgl. Baratay/Hardouin-Fugier 2000, S. 101.
51. 3. Geschäftsbericht 1876, S. 6.
52. 4. Geschäftsbericht 1877, S. 3.
53. 2. Geschäftsbericht 1875, S. 9.
54. Ebd.
55. Vgl. Baratay/Hardouin-Fugier 2000, S. 112.
56. Vgl. Lang 1974, S. 28 f.
57. Schär 2015, S. 97.
58. Ebd.
59. Vgl. ebd., S. 61.
60. Ebd.
61. 19. Geschäftsbericht 1891, S. 3.
62. Baratay/Hardouin-Fugier 2000, S. 153.
63. Vgl. 8. Geschäftsbericht 1881, S. 1.
64. Vgl. 10. Geschäftsbericht 1883, S. 4.
65. Vgl. 12. Geschäftsbericht 1885, S. 3.
66. Vgl. 15. Geschäftsbericht 1887, S. 8.
67. Purtschert/Lüthi/Falk 2012, S. 14.
68. Baratay/Hardouin-Fugier 2000, S. 137.
69. Ebd.
70. Vgl. ebd., S. 226.
71. Vgl. Schaarschmidt 2008, S. 40.
72. Ebd.
73. Vgl. ebd., S. 39.
74. Vgl. 38. Geschäftsbericht 1910, S. 4.
75. Ebd.
76. 13. Geschäftsbericht 1886, S. 3.
77. Vgl. Schaarschmidt 2008, S. 40.
78. 32. Geschäftsbericht 1904, S. 4.
79. Ebd.
80. Vgl. Das indische Rind im Oberbaselbiet, https://www.zoobasel.ch/de/wissen/zoo/geschichte/anekdote.php?GESID=55 (5.5.2020).
81. Vgl. Staehelin 1993, S. 19.
82. Vgl. ebd., S. 48 f.
83. 12. Geschäftsbericht 1885, S. 4 f.
84. Vgl. Staehelin 1993, S. 157.
85. Vgl. Dejung 2012, S. 345.
86. Purtschert/Lüthi/Falk 2012, S. 36.
87. Vgl. Krüger 2013, S. 9.
88. Vgl. Staehelin 1993, S. 116.
89. Vgl. Dejung 2012, S. 349.
90. Vgl. Staehelin 1993, S. 102.

91 Vgl. Krüger 2013, S. 8.
92 Vgl. Dejung 2012, S. 345.
93 Reinert/Roscher 2017, S. 105.
94 Ash 2008, S. 17.
95 Dejung 2012, S. 347.
96 Staehelin 1993, S. 150.
97 Krüger 2013, S. 9.
98 Vgl. Sarasin 1924, S. 18.
99 27. Geschäftsbericht 1899, S. 5.
100 Vgl. Sarasin 1924, S. 2.
101 Vgl. 31. Geschäftsbericht 1903, S. 4 f.
102 Sarasin 1924, S. 23 f.
103 Vgl. 35. Geschäftsbericht 1907, S. 5.
104 Vgl. 32. Geschäftsbericht 1904, S. 5.
105 44. Geschäftsbericht 1916, S. 6 f.
106 Ebd., S. 4.
107 46. Geschäftsbericht 1918, S. 6.
108 Ebd., S. 7.
109 Sarasin 1924, S. 30.
110 47. Geschäftsbericht 1919, S. 7.
111 50. Jahresbericht 1922, S. 2 f.
112 Sarasin 1924, S. 30 f.
113 Vgl. 49. Jahresbericht 1921, S. 8.
114 Vgl. ebd., S. 2.
115 Staehelin 1993, S. 56.
116 Ebd., S. 40.
117 Vgl. 53. Jahresbericht 1925, S. 3.
118 50. Jahresbericht 1922, S. 2.
119 Ebd.
120 54. Jahresbericht 1926, S. 2.
121 Vgl. Staehelin 1993, S. 158.
122 54. Jahresbericht 1926, S. 2.
123 Ebd.
124 57. Jahresbericht 1929, S. 2.
125 Vgl. Staehelin 1993, S. 158.
126 52. Jahresbericht 1924, S. 1.
127 Vgl. Sarasin 1924, S. 33.
128 Ebd.
129 52. Jahresbericht, 1924, S. 6.
130 Rothfels 2002, S. 183.
131 Vgl. Schaarschmidt 2008, S. 42.
132 Vgl. ebd.
133 Hofer 2008, S. 273.
134 Vgl. Ash 2008, S. 21.
135 Vgl. Baratay/Hardouin-Fugier 2000, S. 153.
136 Darwin 1872.
137 Eitler 2011, S. 217.
138 Vgl. ebd.
139 Sarasin 1924, S. 25.
140 Baratay/Hardouin-Fugier 2000, S. 166.
141 56. Jahresbericht 1928, S. 5.
142 58. Jahresbericht 1930, S. 4.
143 59. Jahresbericht 1931, S. 2; 60. Jahresbericht 1932, S. 4.
144 56. Jahresbericht 1928, S. 3.
145 57. Jahresbericht 1929, S. 3.
146 58. Jahresbericht 1930, S. 1 f.
147 Vgl. 65. Jahresbericht 1937, S. 3.
148 Vgl. Lang 1974, S. 52.
149 Vgl. ebd., S. 8.

150 Vgl. 68. Jahresbericht 1940, S. 4 ff.
151 69. Jahresbericht 1941, S. 6.
152 70. Jahresbericht 1942, S. 5.
153 Ebd. S. 6.
154 71. Jahresbericht 1943, S. 6.
155 Ebd.
156 Ebd., S. 7.
157 Ebd.
158 Vgl. ebd., S. 9.
159 Vgl. Rübel 2009, S. 20.
160 Vgl. ebd., S. 24.
161 Vgl. StABS PA 1000a D 5/6, Brief von Heini Hediger an Rudolf Geigy vom 5.12.1939.
162 Ebd.
163 StABS PA 1000a D 5/6, Brief von Rudolf Geigy an F. Baumann vom 2.6.1938.
164 Vgl. Rübel 2009, S. 24.
165 Ebd., S. 26.
166 Vgl. StABS PA 1000a D 5/6, Brief von Heini Hediger an Rudolf Geigy vom 10.1.1942.
167 Vgl. Ruetz 2011, S. 61.
168 Vgl. Rübel 2009, S. 21–23.
169 Hediger 1942, S. 11.
170 Geigy 1949, S. 18.
171 Vgl. Baratay/Hardouin-Fugier 2000, S. 212.
172 Hediger 1942, S. 11.
173 Ebd.
174 Baratay/Hardouin-Fugier 2000, S. 212.
175 Hediger 1942, S. 47.
176 Hofer 2008, S. 251 f.
177 Ebd., S. 273.
178 Vgl. ebd.
179 Vgl. ebd., S. 251.
180 Hediger 1965, S. 62.
181 Hediger 1942, S. 182.
182 Hediger 1961, S. 8.
183 Hediger 1942, S. 182 f.
184 Geigy 1953, S. 7.
185 Hediger 1953a, S. 51.
186 Vgl. Anderson 1995, S. 287.
187 Vgl. Kreis/Wartburg 2000, S. 273.
188 Vgl. Berner/Sieber-Lehmann/Wichers 2012, S. 222 ff.
189 Hediger 1948, S. 54.
190 Hediger 1961, S. 8.
191 Poley 1993, S. 21.
192 Hediger 1942, S. 185.
193 Vgl. Schenkel 1947.
194 Vgl. Jahresberichte ab 1944.
195 Hediger 1953a, S. 49.
196 Vgl. Geigy 1949, S. 18 f.
197 Hediger 1948, S. 46 f.
198 Hediger 1942, S. 185.
199 Vgl. Jahn 1992, S. 223.
200 Vgl. Nyhart 2009, S. 81.
201 Hediger 1942, S. 176.
202 Hediger 1948, S. 21.
203 Ebd., S. 31 f.
204 Hediger 1953a, S. 49.
205 Vgl. Pfister 1995.

206 Kreis/Wartburg 2000, S. 290.
207 Hediger 1965, S. 77.
208 Ebd., S. 75.
209 Ebd., S. 80.
210 Ebd., S. 75.
211 Ebd., S. 80.
212 Ebd., S. 74.
213 Ebd., S. 26.
214 Ebd., S. 291.
215 Ebd., S. 76.
216 Vgl. Baratay/Hardouin-Fugier 2000, S. 213.
217 Rübel 2009, S. 31.
218 StABS PA 1000a D 5/1, Brief von Heini Hediger an Rudolf Geigy vom 11.2.1948.
219 Ebd.
220 Ebd.
221 Ruetz 2011, S. 63.
222 Vgl. StABS PA 1000a D 5/1, Brief von Heini Hediger an Rudolf Geigy vom 14.5.1952.
223 Vgl. Rübel 2009, S. 31.
224 Vgl. Lang 1974.
225 Vgl. Rübel 2009, S. 32.
226 StABS PA 1000a D 5/1, Brief von Ernst Lang an Rudolf Geigy vom 19.12.1960.
227 Vgl. StABS PA 1000a P 3.2, Korrespondenz mit Schweizerischen Instituten, Hochschulen und Museen.
228 Geigy 1949, S. 8.
229 Hediger 1942, S. 42.
230 Ebd., S. 145.
231 Hediger 1965, S. 53.
232 Hediger 1942, S. 188.
233 Vgl. Nicolodi 2012, S. 93.
234 Ebd. S. 91.
235 Vgl. Anderson 1995, S. 286.
236 Vgl. Nogge 1999, S. 452.
237 Vgl. Nicolodi 2012, S. 93.
238 Vgl. Gewalt 1993, S. 55.
239 Hediger 1942, S. 187.
240 Ebd., S. 187 f.
241 Ebd., S. 188.
242 Ebd.
243 Ebd., S. 187.
244 Nogge 1999, S. 455.
245 Vgl. Sesshafte Zugvögel, https://www.zoobasel.ch/de/aktuell/detail.php?NEWSID=254 (19.5.2020).
246 Vgl. Nicolodi 2012, S. 92.
247 Vgl. Rübel 2009, S. 30.
248 Vgl. StABS PA 1000a S 3.1, Unterlagen zum Presseapéro 1956.
249 Vgl. Internationales Zuchtbuch Panzernashorn, https://www.zoobasel.ch/de/wissen/naturschutz/zoothemen.php?NSPID=11&tp3=1_2 (5.5.2020).
250 Vgl. Lang 1961.
251 Vgl. Hediger 1942, S. 182 f.
252 Vgl. Geschäftsbericht 2018, S. 65–84.
253 Nicolodi 2012, S. 96.
254 Vgl. https://www.cpsg.org/our-approach/one-plan-approach-conservation (5.5.2020).
255 Vgl. Naturschutzprojekte, https://www.zoobasel.ch/de/wissen/naturschutz/index.php?NSPID=2&tp3=1_3 (5.5.2020).
256 Vgl. https://www.spektrum.de/lexikon/biologie/loewenaffen/39949 (5.5.2020).
257 Vgl. Hediger 1942, S. 42.
258 Vgl. Wenker 2009, S. 16.
259 Vgl. Interview mit Adrian Baumeyer, 11.10.2016, https://www.srf.ch/news/regional/basel-baselland/adrian-baumeyer-wir-wollen-die-tiere-nicht-vermenschlichen (5.5.2020).
260 Vgl. Christian Wenker zum Thema Handaufzuchten, 25.3.2014, https://www.youtube.com/watch?v=j2qFae7qwDU (5.5.2020).
261 Vgl. Brückner/Schmidt 2014, S. 44.
262 Vgl. ebd., S. 45–51.
263 Vgl. Hildebrandt 2014, S. 16.
264 Schaarschmidt 2008, S. 182 f.
265 StABS PA 1000a E 2, Sitzungsprotokoll zur 74. Ordentlichen Generalversammlung der Aktionäre vom 4.6.1946.
266 Vgl. 73. Jahresbericht 1945, S. 8.
267 Vgl. Baratay/Hardouin-Fugier 2000, S. 183.
268 Vgl. Hediger 1942, S. 18.
269 Vgl. Hofer 2008, S. 278.
270 Ebd. S. 275.
271 Vgl. Hediger 1942, S. 276 f.
272 Ebd., S. 276.
273 Vgl. ebd., S. 18.
274 Nogge 1999, S. 450.
275 Hediger 1942, S. 36.
276 Ebd., S. 41.
277 Vgl. ebd., S. 36.
278 Ebd., S. 75.
279 Ebd.
280 Vgl. Baratay/Hardouin-Fugier 2000, S. 211 f.
281 Hediger 1942, S. 39.
282 Vgl. Ruetz 2011, S. 74.
283 Vgl. StABS PA 1000a D 2, Sitzungsprotokoll zur 20. Sitzung des Verwaltungsrats vom 28.12.1945.
284 StABS PA 1000a E 2, Sitzungsprotokoll zur 73. Ordentlichen Generalversammlung der Aktionäre vom 14.6.1945.
285 77. Jahresbericht 1949, S. 6.
286 Vgl. 79. Jahresbericht 1951, S. 7.
287 Geigy 1953, S. 11.
288 Vgl. StABS PA 1000a E 2, Sitzungsprotokoll zur 79. Ordentlichen Generalversammlung der Aktionäre vom 10.5.1951.
289 StABS PA 1000a D 2, Sitzungsprotokoll zur 20. Sitzung des Verwaltungsrats vom 28.12.1945.
290 Vgl. Anderson 1995, S. 228.
291 Vgl. Yanni 1999, S. 159.
292 Hediger 1949a, S. 16.
293 Vgl. Schaarschmidt 2008, S. 38.
294 Steinecke 2009, S. 220.
295 Das neue Raubtierhaus im Zoologischen Garten Basel, in: Basler Nachrichten, 12./13.5.1956.
296 StABS PA 1000a S 3.3.1, Typoskript der Zolli-Mitteilung Nr. 91, 1956.
297 Der Zolli besitzt wieder ein Raubtierhaus, in:

Basler Volksblatt, 12.11.1955.
298 Basels Raubtiere wohnen modern. Das neue Raubtierhaus im «Zolli», in: Heim & Leben, 5.5.1956.
299 Ebd.
300 Vgl. 84. Jahresbericht 1956, S. 12.
301 Vgl. Das neue Raubtierhaus im Zoologischen Garten Basel, in: Basler Nachrichten, 12./13.5.1956; Einweihung des neuen Raubtierhauses im Zolli, in: Basler Volksblatt, 24.3.1956.
302 StABS PA 1000a E 2, Sitzungsprotokoll zur 84. Ordentlichen Generalversammlung der Aktionäre vom 17.5.1956.
303 Vgl. StABS PA 1000a S 3.3.1, Typoskript der Zolli-Mitteilung Nr. 97, 1956.
304 Steinemann, Bulletin 3, 1959, S. 8.
305 Vgl. Dittrich 1993, S. 120.
306 Schaarschmidt 2008, S. 36.
307 Vgl. Klothmann 2015, S. 330.
308 Baratay/Hardouin-Fugier 2000, S. 214.
309 Fütterung der Raubtiere um 16 Uhr! Einweihung des neuen Raubtierhauses im Zolli, in: National-Zeitung, 25.3.1956.
310 Tiger und Löwen im neuen Heim, in: Basler Nachrichten, 24./25.3.1956.
311 Fütterung der Raubtiere um 16 Uhr! Einweihung des neuen Raubtierhauses im Zolli, in: National-Zeitung, 25.3.1956.
312 Lang, Bulletin 1, 1958, S. 7.
313 Zum ersten Mal seit 26 Jahren, in: Basler Volksblatt, 16.4.1960.
314 87. Jahresbericht 1959, S. 18.
315 Das neue Gesicht des Sauter-Gartens, in: Basellandschaftliche Zeitung, 10.9.1959.
316 Eine moderne Neuanlage beim Antilopenhaus und ein frohes Ereignis bei Pumas, in: Basellandschaftliche Zeitung, 13.6.1959.
317 Brägger, Bulletin 6, 1961, S. 15.
318 Ebd., S. 13.
319 Ebd.
320 Hofer 2008, S. 2.
321 Eine grüne Oase der Ruhe, in: Basler Volksblatt, 14.8.1964.
322 Brägger, Bulletin 6, 1961, S. 15.
323 Hediger 1965, S. 293.
324 Geigy, Bulletin 1, 1958, S. 3.
325 Lang, Bulletin 4, 1960, S. 7.
326 Jäggi 1961, S. 9.
327 Vgl. Studer 2002, S. 29 f.
328 Vgl. Anderson 1995, S. 275 f.
329 Wessely 2008a, S. 11 f.
330 Ebd., S. 13.
331 Brägger, Bulletin 6, 1961, S. 15.
332 Vgl. Mitman 1996, S. 120.
333 Brägger, Bulletin 6, 1961, S. 14 f.
334 Wessely 2008a, S. 17 f.
335 Vgl. Baratay/Hardouin-Fugier 2000, S. 7 f.
336 Wessely 2008a, S. 22.
337 Vgl. Davies 2000, S. 252.
338 Vgl. Hölck 2014, S. 28.
339 Vgl. https://www.zoo-hannover.de/de/zoo-erleben/themenwelten/yukon-bay (5.5.2020).
340 Vgl. Um- und Neubau Vogelhaus startet, https://www.zoobasel.ch/de/aktuell/detail.php?NEWS-ID=1241 (5.5.2020).
341 Vgl. Baur 2008.
342 Vgl. Hölck 2014, S. 34.
343 Zoo Basel, 6.11.2019, https://www.youtube.com/watch?v=FB_U7vD_c0g (5.5.2020).
344 Hediger 1965, S. 9.
345 Vgl. StABS PA 1000a C 4, Monatsberichte der Direktion, 1944.
346 Vgl. Klothmann 2015, S. 13 ff.
347 Hediger 1990, S. 174.
348 Ebd.
349 Hediger 1942, S. 182.
350 Vgl. ebd., S. 184.
351 StABS PA 1000a S 3.3.1, Typoskript Zolli-Mitteilung Nr. 18, 1948.
352 Hofer 2008, S. 252.
353 Vgl. Wessely 2008b, S. 156.
354 Vgl. Golinski 2005, S. 95 ff.
355 Vgl. Dierig/Lachmund/Mendelsohn 2003, S. 3.
356 Vgl. Baratay/Hardouin-Fugier 2000, S. 188.
357 StABS PA 1000a S 3.3.1, Typoskript Zolli-Mitteilung Nr. 21, 1946.
358 Hediger 1942, S. 181 f.
359 Hediger 1949a, S. 12.
360 Ebd.
361 Ebd.
362 Stemmler-Morath 1946, S. 9.
363 Hediger 1942, S. 171.
364 Vgl. Nogge 1999, S. 452.
365 StABS PA 1000a Q 5.2, Brief von Heini Hediger an H. S. [Name der Autorin bekannt] vom 21.11.1951.
366 StABS PA 1000a D 2, Sitzungsprotokoll zur 13. Sitzung des Verwaltungsrats vom 10.5.1944.
367 74. Jahresbericht 1946, S. 5.
368 Hediger 1990, S. 167.
369 Was es nur im Basler Zolli gibt, in: National-Zeitung, 7.5.1944.
370 StABS PA 1000a D 2, Sitzungsprotokoll zur 13. Sitzung des Verwaltungsrats vom 10.5.1944.
371 Vgl. Nyhart 2009, S. 123.
372 Geigy, Bulletin 1, 1958, S. 3.
373 Vgl. Was es nur im Basler Zolli gibt, in: National-Zeitung, 7.5.1944.
374 Vgl. StABS PA 1000a C 4, Monatsberichte der Direktion, 1945–1948.
375 Lang, Bulletin 12, 1964, S. 3.
376 Ein Herz für Natur und Tiere, 7.6.2010, https://www.srf.ch/sendungen/sinerzyt/ein-herz-fuer-natur-und-tiere (5.5.2020).
377 Vgl. Hediger 1949b; Hediger 1953b; Steinemann 1955; Steinemann 1958; Lang/Portmann 1961; Lang 1961; Steinemann 1963.
378 Vgl. Baratay/Hardouin-Fugier 2000, S. 184.
379 Vgl. Ash 2008, S. 15.
380 Vgl. Lang 1961.

381 Vgl. Beardsworth/Bryman 2001, S. 88.
382 Reinert 2017, S. 147.
383 Hediger 1965, S. 9 f.
384 Vgl. Ash 2008, S. 20.
385 Vgl. Steinecke 2009, S. 221.
386 Dinzelbacher 2000, S. 461.
387 Vgl. Daston/Park 2002.
388 Vgl. Hochadel 2010, S. 264.
389 Vgl. Foucault 2001.
390 Vgl. StABS PA 1000a Q 3.1; Q 5.1; Q 5.2, Korrespondenz zu Führungen und Vorträgen, Tierauskünfte sowie Anregungen und Reklamationen.
391 74. Jahresbericht 1946, S. 4.
392 StABS PA 1000a Q 3.1, Brief von B. S. [Name der Autorin bekannt] an Heini Hediger vom 13.7.1947.
393 StABS PA 1000a Q 3.1, Brief vom Institut für Behandlung von Erziehungs- und Unterrichtsfragen an Heini Hediger vom 2.10.1947.
394 Ebd.
395 StABS PA 1000a Q 3.1, Brief von R. [Name der Autorin bekannt] an Heini Hediger vom 8.11.1947.
396 Ebd.
397 StABS PA 1000a Q 5.2, Brief von H. H. [Name der Autorin bekannt] an das Rats-Stübli der National-Zeitung vom 26.1.1956.
398 StABS PA 1000a Q 5.2 Brief von D. B. [Name der Autorin bekannt] an Heini Hediger vom 18.2.1948.
399 Ebd.
400 StABS PA 1000a C 4, Monatsberichte der Direktion, 1944.
401 128. Jahresbericht 2001, S. 18.
402 Rapp 2019, S. 1.
403 Geschäftsbericht 2019, S. 49.
404 Vgl. Zolli-Mitteilung vom 23.6.2017.
405 Hediger 1942, S. 127.
406 Vgl. ebd., S. 126.
407 Vgl. StABS PA 1000a D 2, Sitzungsprotokoll zur 13. Sitzung des Verwaltungsrats vom 10.5.1944.
408 Wessely 2008a, S. 18.
409 Hediger 1990, S. 168.
410 Vgl. 73. Jahresbericht 1945, S. 9.
411 Hediger 1990, S. 174.
412 Vgl. 73. Jahresbericht 1945, S. 9.
413 Hediger 1942, S. 179 f.
414 Ebd., S. 180.
415 Vom Sinn der Gitter, in: National-Zeitung, 22.10.1944.
416 Menschenaffen, in: Vorwärts, 31.12.1947.
417 Was soll der Affe mit dem Spiegel?, in: National-Zeitung, 19./20.3.1949.
418 Ebd.
419 Vgl. Kabinett der menschlichen Dummheit. Eine tiergartenbiologische Sammlung im Zoologischen Garten, in: Basler Nachrichten, 19./20.3.1949.
420 Geigy 1949, S. 8.
421 Stemmler-Morath 1946, S. 9.
422 Der Standpunkt hinter dem Gitter, in: Basler Volksblatt, 19.3.1949.
423 StABS PA 1000a S 3.3.1, Typoskript Zolli-Mitteilung Nr. 46, 1951.
424 Vgl. Baratay/Hardouin-Fugier 2000, S. 184.
425 Vom Zolli, in: Basler Woche, 29.8.1952.
426 Hediger 1953, S. 50.
427 Vgl. Wackernagel 1956, S. 29.
428 Vgl. StABS PA 1000a S 3.3.1, Typoskript Zolli-Mitteilung Nr. 66, 1954.
429 Wackernagel 1956, S. 36.
430 Vgl. ebd., S. 30 f.
431 Ebd., S. 34.
432 Ebd., S. 35.
433 Ebd.
434 Ebd.
435 Ebd., S. 36.
436 Ebd., S. 37.
437 Vgl. ebd., S. 40.
438 Ebd., S. 31.
439 Ebd.
440 Ebd.
441 Ebd., S. 39.
442 Ebd.
443 Ebd.
444 Ebd.
445 StABS PA 1000a S 3.3.2, Brief des Zoologischen Gartens Basel an die Zollifreunde vom 5.1956.
446 Wackernagel 1956, S. 39.
447 Ebd.
448 Wackernagel, Bulletin 2, 1959, S. 3.
449 Lang, Bulletin 5, 1960, S. 16.
450 Kein Zucker für wilde Tiere, in: Basler Volksblatt, 13.8.1960.
451 StABS PA 1000a Q 5.2, Brief von C. H. [Name der Autorin bekannt] an den Zoologischen Garten Basel vom 9.3.1961.
452 Ebd.
453 StABS PA 1000a Q 5.2, Brief von R. W.-F. [Name der Autorin bekannt] an Ernst Lang vom 19.11.1960.
454 StABS PA 1000a Q 5.2, Brief von Ernst Lang an R. W.-F. [Name der Autorin bekannt] vom 22.11.1960.
455 Relativitätstheorie der Gefahren, in: Basler Woche, 23.2.1962.
456 StABS PA 1000a S 3.3.1, Typoskript Zolli-Mitteilung Nr. 165, 1962.
457 Vgl. Sortiment, http://www.granovit.ch/de/aliments/animaux-de-zoo/produits/ (5.5.2020).
458 Art. 4 Fütterung, Absatz 2, in: Tierschutzverordnung (TschV) vom 23. April 2008 (Stand am 1. Januar 2020).
459 Vgl. https://www.spiegel.de/wissenschaft/natur/angst-vor-inzucht-zoo-kopenhagen-toetet-giraffe-marius-a-952375.html (5.5.2020).
460 Vgl. Bertelsen 2019, S. 134–136.
461 Vgl. StABS PA 1000a D 2, Sitzungsprotokoll zur 20. Sitzung des Verwaltungsrats vom 28.12.1945.
462 Vgl. 74. Jahresbericht 1946, S. 11 f.
463 Vgl. Zoo Basel 2012, S. 21.

464 Lang, Bulletin 16, 1966, S. 3.
465 Zoo Basel 2012, S. 34.
466 StABS PA 1000a S 3.3.1, Typoskript Zolli-Mitteilung Nr. 170, 1962.
467 Vgl. Zoo Basel 2012, S. 55.
468 Hediger 1961, S. 304.
469 Vgl. Hediger 1942, S. 160 ff.
470 Hediger 1961, S. 304.
471 Ebd.
472 Zoo Basel 2012, S. 52.
473 Ebd., S. 34 ff.
474 Lang, Bulletin 6, 1961, S. 10.
475 Vgl. ebd., S. 11.
476 Vgl. Elefanten-Dressur im Zolli, in: National-Zeitung, 13.8.1955.
477 Ebd.
478 Ebd.
479 Ebd.
480 Elefantenschule und Tiger-Kinderstube, in: Basellandschaftliche Zeitung, 11.4.1956.
481 StABS PA 1000a S 3.3.1, Typoskript Zolli-Mitteilung Nr. 149, 1961.
482 Lang, Bulletin 6, 1961, S. 12.
483 StABS PA 1000a Q 5.2, Brief von P. K. [Name der Autorin bekannt] an den Zoologischen Garten vom 16.8.1956.
484 StABS PA 1000a Q 5.2, Brief von Ernst Lang an B.-V. [Name der Autorin bekannt] vom 15.9.1955.
485 Unsere Elefanten zeigen, was sie bei Knie gelernt haben, in: Basler Nachrichten, 15.12.1956.
486 Warum unsere Elephaentli in den Zirkus sollen, in: National-Zeitung, 5.9.1955.
487 Elefantenschule, in: Basellandschaftliche Zeitung, 11.4.1956.
488 StABS PA 1000a Q 5.2, Brief von Ernst Lang an B.-V. [Name der Autorin bekannt] vom 15.9.1955.
489 Ebd.
490 Ebd.
491 Gebrüder Knie 2003, S. 32.
492 Lang, Bulletin 6, 1961, S. 10.
493 Zirkusnummer im Zoo, in: Basler Nachrichten, 13./14.8.1955.
494 Vgl. 90. Jahresbericht 1962, S. 9.
495 Vgl. Baratay/Hardouin-Fugier 2000, S. 183.
496 Vgl. Lang, Bulletin 17, 1966, S. 9–13.
497 Vgl. Reinert 2017, S. 145.
498 Hediger 1942, S. 166.
499 Ebd.
500 Vgl. Tait 2012.
501 Vgl. Darwin 1872.
502 Vgl. Tait 2012, S. 28.
503 Vgl. ebd., S. 97.
504 Arndt 2016, S. 73.
505 Vgl. Zoo Basel 2012, S. 58 ff.
506 Vgl. StABS PA 1000a C 4, Monatsbericht der Direktion vom 12.1959.
507 Lang, Bulletin 16, 1966, S. 4.
508 Vgl. Training für die Elefanten im Zoo Basel, https://www.zoobasel.ch/de/aktuell/detail.php?-NEWSID=1131 (5.5.2020).
509 Vgl. ebd.
510 Vgl. Elefantenreiten – und alle Kinder waren glücklich, 3.12.2014, https://www.youtube.com/watch?v=OPadNNzElkE (5.5.2020).
511 Vgl. Warum der Zoo seit 1990 aufs Elefantenreiten verzichtet, 5.12.2014, https://www.youtube.com/watch?v=EMqs5bxX4ig&feature=youtu.be&fbclid=IwAR2R2jroFEuKMx6ddM0_Qkg-3qOrrWnVZSvJ2J1ciS_08gVAqPGwu1Ja_TyE (5.5.2020).
512 Geigy 1953, S. 7.
513 Ash 2008, S. 11.
514 Gespräch mit Olivier Pagan vom 16.1.2020.
515 Vgl. Brückner/Schmidt 2014.
516 Schratter, Dagmar: Was ist ein guter Zoo – Innensicht, in: Rigi Symposium: Was ist ein guter Zoo, Rigi-Kulm 18.2.–1.3.2008, S. 32–33, hier S. 33, https://zoos.ch/wp-content/uploads/2018/09/Rigi-Symposium-Bericht-2008.pdf (22.4.2020).

Quellen- und Literaturverzeichnis

Ungedruckte Quellen

Staatsarchiv Basel-Stadt (StABS), Archiv des Zoologischen Gartens Basel 1874–1989 (PA 1000a)
C 4 Monatsbericht der Direktion
D 2 Sitzungsprotokolle des Verwaltungsrats
D 5 Akten Rudolf Geigy (1902–1995)
E 2 Sitzungsprotokolle der Generalversammlung
P 3 Korrespondenz mit wissenschaftlichen Instituten und Universitäten
Q 3 Führungen und Vorträge
Q 5 Tierauskünfte, Reklamationen, Kuriositäten
S 3 Presse

Publizierte Quellen

Brägger, Kurt: Der Zoo als Garten, in: Bulletin des Zoologischen Gartens Basel 6, April 1961, S. 13–15.
Darwin, Charles: The Expression of the Emotions in Man and Animals, London 1872.
Geigy, Rudolf: 75 Jahre Zoologischer Garten Basel, Basel 1949.
Geigy, Rudolf: Die Metamorphose des Zoologischen Gartens, in: Gesellschaft zur Beförderung des Guten und Gemeinnützigen (Hg.): Der Basler Zoologische Garten. Sein Werden und Bestehen, Basel 1953 (131. Neujahrsblatt), S. 7–32.
Geigy, Rudolf: Zum Geleit, in: Bulletin des Zoologischen Gartens Basel 1, Oktober 1958, S. 3.
Geigy, Rudolf: Die hundertjährige Geschichte des Zoologischen Garten Basel, in: Gesellschaft für das Gute und Gemeinnützige (Hg.): 100 Jahre Zoologischer Garten Basel. 1874–1974, Basel 1974 (152. Neujahrsblatt), S. 7–36.
Hediger, Heini: Wildtiere in Gefangenschaft. Ein Grundriss der Tiergartenbiologie, Basel 1942.
Hediger, Heini: Der Zoologische Garten als Asyl und Forschungsstätte, in: Gute Schriften 7, 1948, S. 3–80.
Hediger, Heini: Exotische Freunde im Zoo, Basel 1949 (Hediger 1949a).
Hediger, Heini: 75 Jahre Zoologischer Garten Basel. Jubiläumsführer, Basel 1949 (Hediger 1949b).
Hediger, Heini: Der Basler Zoo im Vergleich zu ausländischen Tiergärten, in: Gesellschaft zur Beförderung des Guten und Gemeinnützigen (Hg.): Der Basler Zoologische Garten. Sein Werden und Bestehen, Basel 1953 (131. Neujahrsblatt), S. 33–51 (Hediger 1953a).
Hediger, Heini: Neue exotische Freunde im Zoo, Basel 1953 (Hediger 1953b).
Hediger, Heini: Beobachtungen zur Tierpsychologie im Zoo und im Zirkus, Basel 1961.
Hediger, Heini: Mensch und Tier im Zoo. Tiergarten-Biologie, Zürich 1965.
Hediger, Heini: Ein Leben mit Tieren im Zoo und in aller Welt, Zürich 1990.
Jäggi, Willy: Vorwort, in: Lang, Ernst; Portmann, Adolf (Hgg.): Tiere im Zoo, Basel 1961, S. 9–10.
Lang, Ernst: Die Neugestaltung des Sautergartens, in: Bulletin des Zoologischen Gartens Basel 1, Oktober 1958, S. 6–7.
Lang, Ernst: Grosszügige Baupläne, in: Bulletin des Zoologischen Gartens Basel 4, April 1960, S. 6–7.

Lang, Ernst: Warum Fütterungsverbot?, in: Bulletin des Zoologischen Gartens Basel 5, Oktober 1960, S. 15–16.
Lang, Ernst: Unsere dressierten Afrikaner, in: Bulletin des Zoologischen Gartens Basel 6, April 1961, S. 10–12.
Lang, Ernst: Portmann, Adolf (Hgg.): Tiere im Zoo, Basel 1961.
Lang, Ernst: Goma das Gorillakind. Ein Bericht über den ersten in Europa geborenen Gorilla, Rüschlikon-Zürich 1961.
Lang, Ernst: Ein Abschied, in: Bulletin des Zoologischen Gartens Basel 12, April 1964, S. 3.
Lang, Ernst: Die Geburt eines afrikanischen Elefanten, in: Bulletin des Zoologischen Gartens Basel 16, April 1966, S. 3–9.
Lang, Ernst: Seelöwendressur, in: Bulletin des Zoologischen Gartens Basel 17, Oktober 1966, S. 9–13.
Lang, Ernst: Leben und Erleben im Zolli, Basel 1974.
Rapp, Kathrin: Bildungsangebote des Zoo Basel, Basel 2019.
Sarasin, Fritz: Geschichte des Zoologischen Gartens in Basel. 1874–1924, Basel 1924.
Schenkel, Rudolf: Ausdrucks-Studien an Wölfen. Gefangenschaftsbeobachtungen, Leiden 1947.
Steinemann, Paul: Meine Tierkinder im Zoo, Zürich 1955.
Steinemann, Paul: Rassi und Vado. Unsere beiden Tigerknaben, Stuttgart 1958.
Steinemann, Paul: Die Wochenstube der Raubtiere, in: Bulletin des Zoologischen Gartens Basel 3, Oktober 1959, S. 5–8.
Steinemann, Paul: Geheimnisvolle Zoo-Kinderstube, Zürich 1963.
Stemmler-Morath, Carl: Haltung von Tieren. Ein Nachschlagebuch für junge und alte Tierfreunde zur Pflege heimischer und fremder Tiere von der Ameise bis zum Kaninchen, Aarau 1946.
Wackernagel, Hans: Neue Wege der Tierernährung am Basler Zoologischen Garten, in: Zoologischer Garten Basel: 84. Jahresbericht des Verwaltungsrats an die Aktionäre, Basel 1956, S. 29–40.
Wackernagel, Hans: Das neue Huftierfutter und die Rehe, in: Bulletin des Zoologischen Gartens Basel 2, April 1959, S. 3–6.
Wenker, Christian: Methoden zur Bestandesregulierung im Zoo, in: Zoo Magazin 6, 2009, S. 16–17.
Zoo Basel: Elefantastisches aus dem Zoo Basel. Elefantengeschichten von Persönlichkeiten des Basler Zoos, Basel 2012.
Zoologischer Garten Basel: Geschäfts- bzw. Jahresberichte des Verwaltungsrats, Basel 1874–2019 (in den Anmerkungen zitiert als «Geschäftsbericht» bzw. ab 1921 als «Jahresbericht»).

Zeitungen und Zeitschriften

Basellandschaftliche Zeitung
Basler Nachrichten
Basler Volksblatt
Basler Woche
Heim & Leben
National-Zeitung
Vorwärts

Sekundärliteratur

Anderson, Kay: Culture and Nature at the Adelaide Zoo. At the Frontiers of ‹Human› Geography, in: Transactions of the Institute of British Geographers 20 (3), 1995, S. 275–294.

Arndt, David: Erleben Sie Tiere! Ein Essay zum Mensch-Tier-Verhältnis in der Erlebnisgesellschaft, in: Ullrich, Jessica; Steinbrecher, Aline (Hgg.): Tierstudien. Tiere und Unterhaltung, Berlin 2016, S. 72–81.

Ash, Mitchell G.: Mensch, Tier und Zoo – zur Erinnerung, in: Ders. (Hg.): Mensch, Tier und Zoo. Der Tiergarten Schönbrunn im internationalen Vergleich vom 18. Jahrhundert bis heute, Wien u. a. 2008, S. 11–28.

Baratay, Eric; Hardouin-Fugier, Elisabeth: Zoo. Von der Menagerie zum Tierpark, Berlin 2000.

Baur, Bruno et al.: Vielfalt zwischen den Gehegen. Wildlebende Tiere und Pflanzen im Zoo Basel, Basel 2008.

Beardsworth, Alan; Bryman, Alan E.: The Wild Animal in Late Modernity. The Case of the Disneyization of Zoos, in: Tourist Studies 1, 2001, S. 83–104.

Berner, Hans; Sieber-Lehmann, Claudius; Wichers, Hermann: Kleine Geschichte der Stadt Basel, Karlsruhe 2012.

Bertelsen, Mads Frost: Issues Surrounding Surplus Animals in Zoos, in: Miller, R. Eric et al. (Hgg.): Fowler's Zoo and Wild Animal Medicine. Current Therapy, St. Louis (Missouri) 2019, S. 134–136.

Blaser, Werner (Hg.): Kurt Brägger. Zoo Basel 1953–88. Gartengestaltung, Landscape Design, Basel 2002.

Brändle, Rea: Wildfremd hautnah. Zürcher Völkerschauen und ihre Schauplätze. 1835–1964, Zürich 2013.

Brantz, Dorothee; Mauch, Christof (Hgg.): Tierische Geschichte. Die Beziehung von Mensch und Tier in der Kultur der Moderne, Paderborn 2010.

Brückner, Jonas; Schmidt, Torsten: Grenzen der Zootierhaltung. Zur Tötungsfrage «überzähliger» Tiere, in: Tierethik. Zeitschrift zur Mensch-Tier-Beziehung 9 (6), 2014, S. 44–55.

Daston, Lorraine; Park, Katharine: Wunder und die Ordnung der Natur. 1150–1750, Frankfurt a. M. 2002.

Davies, Gail: Virtual Animals in Electronic Zoos. The Changing Geographies of Animal Capture and Display, in: Philo, Chris; Wilbert, Chris (Hgg.): Animal Spaces, Beastly Places. New Geographies of Human-Animal Relations, London 2000, S. 243–267.

Dejung, Christof: Zeitreisen durch die Welt. Temporale und territoriale Ordnungsmuster auf Weltausstellungen und schweizerischen Landesausstellungen während der Kolonialzeit, in: Purtschert, Patricia; Lüthi, Barbara; Falk, Francesca (Hgg.): Postkoloniale Schweiz. Formen und Folgen eines Kolonialismus ohne Kolonien, Bielefeld 2012, S. 333–354.

Descola, Philippe: Jenseits von Natur und Kultur, Berlin 2011.

Dierig, Sven; Lachmund, Jens; Mendelsohn, Andrew: Introduction. Towards an Urban History of Science, in: Osiris 18, 2003, S. 1–19.

Dinzelbacher, Peter: Mensch und Tier in der Geschichte Europas, Stuttgart 2000.

Dittrich, Lothar: Menschen im Zoo, in: Poley, Dieter (Hg.): Berichte aus der Arche. Nachzucht statt Wildfang, Natur- und Artenschutz im Zoo, Menschen und Tiere, Die Zukunft der Zoos, Stuttgart 1993, S. 119–153.

Eitler, Pascal; Möhring, Maren: Eine Tiergeschichte der Moderne. Theoretische Perspektiven, in: Traverse 15, 2008, S. 91–106.

Eitler, Pascal: «Weil sie fühlen, was wir fühlen». Menschen, Tiere und die Genealogie der Emotionen im 19. Jahrhundert, in: Historische Anthropologie 19 (2), 2011, S. 211–228.

Foucault, Michel: Das Leben der infamen Menschen, Berlin 2001.

Fudge, Erica: A Left-Handed Blow. Writing the History of Animals, in: Rothfels, Nigel (Hg.): Representing Animals, Bloomington 2002, S. 3–18.

Gebrüder Knie, Schweizer National-Circus: Knie – 200 Jahre Dynastie, Rapperswil 2003.

Gewalt, Wolfgang: Tiere im Zoo, in: Poley, Dieter (Hg.): Berichte aus der Arche. Nachzucht statt Wildfang, Natur- und Artenschutz im Zoo, Menschen und Tiere. Die Zukunft der Zoos, Stuttgart 1993, S. 25–78.

Golinski, Jan: Making Natural Knowledge. Constructivism and the History of Science, Chicago 2005.

Grimm, Herwig; Wild, Markus: Tierethik zur Einführung, Hamburg 2016.

Hildebrandt, Goetz et al.: Fortpflanzungsmanagement im Zoo. Dürfen Wildtiere verfüttert werden, in: Tierethik. Zeitschrift zur Mensch-Tier-Beziehung 9 (6), 2014, S. 13–27.

Hochadel, Oliver: Darwin im Affenkäfig. Der Tiergarten als Medium der Evolutionstheorie, in: Brantz, Dorothee; Mauch, Christof (Hgg.): Tierische Geschichte. Die Beziehung von Mensch und Tier in der Kultur der Moderne, Paderborn 2010, S. 245–267.

Hofer, Veronika: Wissenschaft und Authentizität. Der Schönbrunner Tiergarten in der ersten Hälfte des 20. Jahrhunderts und die Anfänge der Tiergartenbiologie, in: Ash, Mitchell G. (Hg.): Mensch, Tier und Zoo. Der Tiergarten Schönbrunn im internationalen Vergleich vom 18. Jahrhundert bis heute, Wien u. a. 2008, S. 251–279.

Hölck, Anne: Disziplinierte Wildnis. Zur Lesbarkeit von Tierbildern in der Zooarchitektur, in: Tierethik. Zeitschrift zur Mensch-Tier-Beziehung 9 (6), 2014, S. 28–43.

Jahn, Ilse: Zoologische Gärten in Stadtkultur und Wissenschaft im 19. Jahrhundert, in: Berichte zur Wissenschaftsgeschichte 15 (4), 1992, S. 213–226.

Klothmann, Nastasja: Gefühlswelten im Zoo. Eine Emotionsgeschichte. 1900–1945, Bielefeld 2015.

Kreis, Georg; Wartburg, Beat von (Hgg.): Basel. Geschichte einer städtischen Gesellschaft, Basel 2000.

Krüger, Gesine: Vorwort, in: Brändle, Rea: Wildfremd, hautnah. Zürcher Völkerschauen und ihre Schauplätze. 1835–1964, Zürich 2013, S. 7–11.

Krüger, Gesine: Tiere und Geschichte. Konturen einer «Animate History», Stuttgart 2014.

Kupper, Patrick: Wildnis schaffen. Eine transnationale Geschichte des Schweizerischen Nationalparks, Bern 2012.

Mitman, Gregg: When Nature Is the Zoo. Vision and Power in the Art and Science of Natural History, in: Osiris 11, 1996, S. 117–143.

Münch, Paul (Hg.): Tiere und Menschen. Geschichte und Aktualität eines prekären Verhältnisses, Paderborn 1999.

Nicolodi, Sandra: Nachzucht. Eine relativ neue Sammelpraxis zoologischer Gärten, in: Traverse 19, 2012, S. 91–105.

Nogge, Gunther: Über den Umgang mit Tieren im Zoo. Tier- und Artenschutzaspekte, in: Münch, Paul (Hg.): Tiere und Menschen. Geschichte und Aktualität eines prekären Verhältnisses, Paderborn 1999, S. 447–457.

Nyhart, Lynn: Modern Nature. The Rise of the Biological Perspective in Germany, Chicago 2009.

Pfister, Christian (Hg.): Das 1950er Syndrom. Der Weg in die Konsumgesellschaft, Bern 1995.

Poley, Dieter: Wie der Mensch zum Zoo kam. Eine kurze Geschichte der Wildtierhaltung, in: Poley, Dieter (Hg.): Berichte aus der Arche. Nachzucht statt Wildfang, Natur- und Artenschutz im Zoo, Menschen und Tiere. Die Zukunft der Zoos, Stuttgart 1993, S. 9–23.

Purtschert, Patricia; Lüthi, Barbara; Falk, Francesca: Eine Bestandesaufnahme der postkolonialen Schweiz, in: Dies. (Hgg.): Postkoloniale Schweiz. Formen und Folgen eines Kolonialismus ohne Kolonien, Bielefeld 2012, S. 13–63.

Raulff, Ulrich: Das letzte Jahrhundert der Pferde. Geschichte einer Trennung, München 2015.

Reinert, Wiebke: Wärter und Tiere zwischen Hochnatur und Populärkultur in der Geschichte Zoologischer Gärten, in: Forschungsschwerpunkt «Tier-Mensch-Gesellschaft» (Hg.): Vielfältig verflochten. Interdisziplinäre Beiträge zur Tier-Mensch-Relationalität, Bielefeld 2017, S. 141–156.

Reinert, Wiebke; Roscher, Mieke: Der Zoologische Garten als Anderer Raum. Hamburger und Berliner Heterotopien, in: Hauck, Thomas E. et al. (Hgg.): Urbane Tier-Räume, Berlin 2017, S. 103–113.

Roscher, Mieke: Where is the Animal in this Text? Chancen und Grenzen einer Tiergeschichtsschreibung, in: Chimaira – Arbeitskreis für Human-Animal Studies (Hg.): Human-Animal Studies. Über die gesellschaftliche Natur von Mensch-Tier-Verhältnissen, Bielefeld 2011, S. 121–150.

Roscher, Mieke: Geschichtswissenschaft. Von einer Geschichte mit Tieren zu einer Tiergeschichte, in: Spannring, Reingard et al. (Hgg.): Disziplinierte Tiere? Perspektiven der Human-Animal Studies für die wissenschaftlichen Disziplinen, Bielefeld 2015, S. 75–100.

Rothfels, Nigel: Savages and Beasts. The Birth of the Modern Zoo, Baltimore 2002, S. 183.

Rübel, Alex: Heini Hediger 1908–1992. Tierpsychologe-Tiergartenbiologe-Zoodirektor, Zürich 2009.

Ruetz, Bernhard: Von der Tierschau zum Naturschutzzentrum. Der Zoo Zürich und seine Direktoren, Zürich 2011.

Schaarschmidt, Gudrun: Hinter Stäben oder Gräben. Präsentation des exotischen Zootiers im Wandel, in: Kunst + Architektur in der Schweiz 4, 2008, S. 36–43.

Schär, Bernhard C.: Tropenliebe. Schweizer Naturforscher und niederländischer Imperialismus in Südostasien um 1900, Frankfurt a. M. 2015.

Simonius-Gruner, Elisabeth: Vom Ozeanium und anderen Visionen, in: tribune. Das Magazin mit unternehmerischen Visionen 4, 2013, S. 7–8.

Staehelin, Balthasar: Völkerschauen im Zoologischen Garten Basel. 1879–1935, Basel 1993.

Steinbrecher, Aline: «In der Geschichte ist viel zu wenig von Tieren die Rede» (Elias Canetti). Die Geschichtswissenschaft und ihre Auseinandersetzung mit den Tieren, in: Otterstedt, Carola; Rosenberger, Michael (Hgg.): Gefährten, Konkurrenten, Verwandte. Die Mensch-Tier-Beziehung im wissenschaftlichen Diskurs, Göttingen 2009, S. 264–286.

Steinecke, Albrecht: Themenwelten im Tourismus. Marktstrukturen, Marketing-Managements, Trends, München 2009.

Studer, Peter: Der Zoologische Garten Basel und Kurt Brägger, in: Blaser, Werner (Hg.): Kurt Brägger. Zoo Basel 1953–88. Gartengestaltung, Landscape Design, Basel 2002, S. 22–33.

Tait, Peta: Wild and Dangerous Performances. Animals, Emotions, Circus, New York 2012.

Wessely, Christina: Künstliche Tiere. Zoologische Gärten und urbane Moderne, Berlin 2008 (Wessely 2008a).

Wessely, Christina: «Künstliche Tiere etc.» Zoologische Schaulust um 1900, in: NTM Zeitschrift für Geschichte der Wissenschaften, Technik und Medizin 16 (2), 2008, S. 153–182 (Wessely 2008b).

Yanni, Carla: Nature's Museums. Victorian Science and the Architecture of Display, Baltimore 1999, S. 159.

Internet

https://web.archive.org
https://zoos.ch
www.cpsg.org
www.granovit.ch
www.regionatur.ch
www.spektrum.de
www.spiegel.de
www.srf.ch
www.youtube.com
www.zoobasel.ch
www.zoo-hannover.de

Personenregister

Antonius, Otto (1885–1945), Direktor des Tiergartens Schönbrunn in Wien, 64, 85
Baumeyer, Adrian, Kurator im Zoo Basel, 159–162
Beck, Johannes (1823–1901), Gönner des Zoologischen Gartens Basel, 42 f., 53
Behrens, Werner (1930–2014), Elefantenpfleger, 144 f., 148, 156 f., 161
Bischoff-Burckhardt, Johann Jakob (1841–1892), Bandfabrikant und Mitglied der Gründungskommission des Zoologischen Gartens Basel, 21
Brägger, Kurt (1918–1999), Künstler und Landschaftsarchitekt, 91 f., 100, 102 f.
Darwin, Charles (1809–1882), Naturforscher, 47 f., 149
David, Adam (1872–1959), Zoologe, Afrikaforscher und Grosswildjäger, 32
Dietrich, Tanja, Leiterin Abteilung Kommunikation und Public Relations des Zoo Basel, 117 f., 120
Eggenschwyler, Urs (1849–1923), Bildhauer, Zeichner und Maler, 47, 54
Flügel, Heinrich (1869–1947), Architekt, 102
Geigy, Rudolf (1902–1995), Zoologe, Gründer des Schweizerischen Tropeninstituts und Präsident des Verwaltungsrats des Zoologischen Gartens Basel (1941–1972), 9, 19, 51 f., 60–62, 64, 66, 68–71, 87, 111, 125, 143
Hack, Josef (Daten unbekannt), Tierlehrer, 144, 148
Hagenbeck, Carl (1844–1913), Tierhändler und Zoodirektor, 33 f., 40, 46 f., 63, 89 f., 144 f.
Hagmann, Gottfried (Daten unbekannt), Direktor des Zoologischen Gartens Basel (1876–1913), 27, 43
Hediger, Heini (1908–1992), Zoologe und Direktor des Zoologischen Gartens Basel (1944–1953), 9 f., 12 f., 51, 60–71, 73 f., 85–87, 90, 92, 102, 104, 107–113, 115, 117 f., 120 f., 123–126, 143–145, 149, 165–167
Heldstab, Andreas, Zootierarzt und -lehrer im Zoologischen Garten Basel (1986–2012), 119
Kehlstadt, Willi (1888–1951), Architekt, 87, 95
Kelterborn, Gustav (1841–1908), Architekt, 19
Kollmann, Julius (1834–1918), Zoologe, Anthropologe und Anatom, 34
Künzel, August (1952–2018), Landschaftsarchitekt, 103
Künzler, August (1901–1983), Tierfänger und Grosswildjäger, 143 f.
La Roche, Emanuel (1863–1922), Architekt, 32, 39
Lang, Ernst (1913–2014), Tierarzt und Direktor des Zoologischen Gartens Basel (1953–1978), 9, 13, 19, 52, 69 f., 74 f., 76, 79, 83, 90, 92, 104, 111, 113, 120, 123, 128 f., 133, 143–147, 150 f., 160 f., 165
Lang, Gertrud (Daten unbekannt), Ehefrau von Ernst Lang, 74 f.
Lorenz, Konrad (1903–1989), Zoologe und Verhaltensforscher, 64, 85
Müller, Fritz (1834–1895), Arzt, Zoologe und Präsident des Verwaltungsrats des Zoologischen Gartens Basel (1876–1893), 27
Pagan, Olivier, Direktor des Zoo Basel, 81–84, 101–104, 168
Pawlow, Iwan Petrowitsch (1849–1936), Physiologe und Neurologe, 64
Portmann, Adolf (1897–1982), Biologe, Anthropologe und Präsident des Freundevereins des Zoologischen Gartens Basel (1942–1975), 51, 61 f., 64, 111
Rapp Schürmann, Kathrin, Leiterin Abteilung Bildung und Vermittlung des Zoo Basel, 117, 119–121
Rasser, Max (1914–2000), Architekt, 88
Riggenbach, Eduard (1855–1930), Architekt, 31, 39, 101
Rübel, Alex, Direktor des Zoo Zürich (1990–2020), 68
Rütimeyer, Ludwig (1825–1895), Anatom und Zoologe, 27
Ryhiner, Peter (1920–1975), Grosswildjäger und Tierhändler, 74
Sarasin, Fritz (1859–1942), Naturforscher, Völkerkundler und Präsident des Verwaltungsrats des Zoologischen Gartens Basel (1921–1941), 19, 28, 37, 45, 51

Sarasin, Paul (1856–1929), Naturforscher, 28, 37
Sauter, Ulrich (1854–1933), Gönner des Zoologischen Gartens Basel, 49 f., 90, 99
Schenkel, Rudolf (1903–1989), Zoologe, 65
Schmidt, Max (1834–1888), Direktor des Zoologischen Gartens Frankfurt, 19
Stähelin, Adolf Benedikt (1860–1928), Architekt, 32, 39
Stehlin, Fritz (1861–1923), Architekt, 31, 39, 101
Steinemann, Paul (1917–1992), Mitarbeiter des Zoologischen Gartens Basel, 79, 111
Stemmler, Carl (1904–1987), Mitarbeiter des Zoologischen Gartens Basel und Publizist, 48, 51, 109, 111, 116, 125
Studer, Peter, Direktor des Zoologischen Gartens Basel (1995–2002), 103
Tschaggeny, Robert (Daten unbekannt), Architekt, 31, 39
Vadi, Tibère (1923–1983), Architekt, 88
Wackernagel, Hans (1925–2013), wissenschaftlicher Assistent und späterer Vizedirektor des Zoologischen Gartens Basel (1956–1990), 113, 126–128, 134, 138
Watson, John B. (1878–1958), Psychologe, 64
Weckerle, Michael (1832–1880), Stadtgärtner, 19
Wendnagel, Adolf, Direktor des Zoologischen Gartens Basel (1913–1944), 43, 61 f.
Wenker, Christian, leitender Zootierarzt im Zoo Basel, 137–141

Bildnachweis

Wir haben uns bemüht, sämtliche Rechtsinhaber ausfindig zu machen. Sollte es uns in Einzelfällen nicht gelungen sein, werden berechtigte Ansprüche selbstverständlich im Rahmen der üblichen Vereinbarungen abgegolten.

Privatarchiv Kurt Brägger, Riehen: Abb. 28
Radioarchiv SRF: Abb. 30 (Hans Bertolf)
Staatsarchiv Basel-Stadt (StABS): Umschlag BSL 1001 A 2.100 (Paul Steinemann); Abb. 1 BSL 1001 G 1.2.35.1 (Adam Várady); Abb. 2 BSL 1001 F 1 (Gebrüder Metz Basel); Abb. 3 BSL 1001 F 1; Abb. 4 BSL 1001 F 1 (Photoglob Zürich); Abb. 5 BSL 1001 F 1 (Gebrüder Metz Basel); Abb. 6 BSL 1001 F 1; Abb. 7 BSL 1001 F 1; Abb. 8 BSL 1001 F 1; Abb. 9 BSL 1001 F 1; Abb. 10 BSL 1001 F 1; Abb. 11 BSL 1001 G 1.2.22.1 (Carl Taeschler-Signer); Abb. 12 BSL 1001 G 1.1.12 (Carl Taeschler-Signer); Abb. 13 BSL 1001 G 1.3.3.1 (Daniel Bernoulli-Glitsch); Abb. 14 BSL 1001 F 1 (Rathe-Fehlmann Basel); Abb. 15 BSL 1001 F 1 (Xaver Frey); Abb. 16 BSL 1001 F 1 (Wilhelm Frey); Abb. 17 BSL 1001 E 28.1; Abb. 18 BSL 1001 F 1; Abb. 19 BSL 1013 1-21 1 (Hans Bertolf); Abb. 20 BSL 1013 3-7-361 1 (Hans Bertolf); Abb. 21 PA 1000a S 3.1; Abb. 22 BSL 1001 A 4.43.1 (Paul Steinemann); Abb. 23 BSL 1013 3-7-652 1 (Hans Bertolf); Abb. 24 PLA 2,3 (Willi Kehlstadt); Abb. 25 BSL 1001 K 5.1 (Elsbeth Siegrist); Abb. 26 BSL 1001 A 1.63.4 (Elsbeth Siegrist); Abb. 27 BSL 1001 A 1.60 (Fritz Maurer); Abb. 29 PA 1000a S 3.1 (Lothar Jeck); Abb. 31 PA 1000a M 1.2; Abb. 32 BSL 1001 A 1.72.1 (Claire Roessiger); Abb. 33 BSL 1001 A 1.68.4 (Elsbeth Siegrist); Abb. 34 BSL 1013 3-7-340 2 (Hans Bertolf); Abb. 35 BSL 1001 A 1.72.2 (Elsbeth Siegrist); Abb. 36 PA 1000a S. 3.1; Abb. 37 BSL 1001 A 1.29.1 (Elsbeth Siegrist); Abb. 38 BSL 1013 3-7-309 1 (Hans Bertolf); Abb. 39 BSL 1001 A 1.29.4 (Paul Steinemann); Abb. 40 BSL 1001 A 4.46.2 (Paul Steinemann); Abb. 41 BSL 1001 A 1.29.3 (Paul Steinemann); Abb. 42 BSL 1001 A 4.46.1 (Paul Steinemann); Abb. 43 BSL 1001 A 1.32.1 (Paul Steinemann)

Das Signet des Schwabe Verlags ist die Druckermarke der 1488 in Basel gegründeten Offizin Petri, des Ursprungs des heutigen Verlagshauses. Das Signet verweist auf die Anfänge des Buchdrucks und stammt aus dem Umkreis von Hans Holbein. Es illustriert die Bibelstelle Jeremia 23,29:
«Ist mein Wort nicht wie Feuer, spricht der Herr, und wie ein Hammer, der Felsen zerschmeisst?»